Manuel Reinhard

Hybride Dünnschichtphotovoltaik auf der Basis von Cu(In,Ga)Se$_2$ und organischen Halbleitern

Hybride Dünnschichtphotovoltaik auf der Basis von Cu(In,Ga)Se$_2$ und organischen Halbleitern

von
Manuel Reinhard

Dissertation, Karlsruher Institut für Technologie (KIT)
Fakultät für Elektrotechnik und Informationstechnik
Tag der mündlichen Prüfung: 12. Juni 2013
Referenten: Prof. Dr. rer. nat. Uli Lemmer, Prof. Dr. rer. nat. Heinz Kalt

Impressum

Karlsruher Institut für Technologie (KIT)
KIT Scientific Publishing
Straße am Forum 2
D-76131 Karlsruhe
www.ksp.kit.edu

KIT – Universität des Landes Baden-Württemberg und
nationales Forschungszentrum in der Helmholtz-Gemeinschaft

Diese Veröffentlichung ist im Internet unter folgender Creative Commons-Lizenz
publiziert: http://creativecommons.org/licenses/by-nc-nd/3.0/de/

KIT Scientific Publishing 2013
Print on Demand

ISBN 978-3-7315-0058-2

Hybride Dünnschichtphotovoltaik auf der Basis von Cu(In,Ga)Se$_2$ und organischen Halbleitern

zur Erlangung des akademischen Grades eines

DOKTOR-INGENIEURS

von der Fakultät für

Elektrotechnik und Informationstechnik

des Karlsruher Instituts für Technologie (KIT)

genehmigte

Dissertation

von

Dipl.-Phys. Manuel Reinhard
geb. in Annweiler am Trifels

Tag der mündlichen Prüfung: 12.06.2013
Hauptreferent: Prof. Dr. rer. nat. Uli Lemmer
Korreferent: Prof. Dr. rer. nat. Heinz Kalt

Publikationen

Artikel in referierten Fachjournalen

- H. Do, **M. Reinhard**, H. Vogeler, A. Pütz, M. F. G. Klein, W. Schabel, A. Colsmann und U. Lemmer. Polymeric anodes from poly(3,4-ethylenedioxythiophene):poly(styrenesulfonate) for 3.5% efficient organic solar cells. *Thin Solid Films*, 517:5900, 2009.

- F. Nickel, A. Puetz, **M. Reinhard**, H. Do, C. Kayser, A. Colsmann und U. Lemmer. Cathodes comprising highly conductive poly(3,4-ethylenedioxythiophene):poly(styrenesulfonate) for semi-transparent polymer solar cells. *Organic Electronics*, 11:535, 2010.

- A. Puetz, T. Stubhan, **M. Reinhard**, O. Loesch, E. Hammarberg, S. Wolf, C. Feldmann, H. Kalt, A. Colsmann und U. Lemmer. Organic solar cells incorporating buffer layers from indium doped zinc oxide nanoparticles. *Solar Energy Materials & Solar Cells*, 95:579, 2011.

- **M. Reinhard**, Z. Zhang, J. Hanisch, E. Ahlswede, A. Colsmann und U. Lemmer. Inverted organic solar cells comprising a solution-processed cesium fluoride interlayer. *Applied Physics Letters*, 98:053303, 2011.

- M. F. G. Klein, M. Pfaff, E. Müller, J. Czolk, **M. Reinhard**, S. Valouch, U. Lemmer, A. Colsmann und D. Gerthsen. Poly(3-hexylselenophene) solar cells: Correlating the optoelectronic device performance and nanomorphology imaged by low-energy scanning

Transmission electron microscopy. *Journal of Polymer Science Part B: Polymer Physics*, 50:198, 2012.

- A. Colsmann, **M. Reinhard**, T.-H. Kwon, C. Kayser, F. Nickel, J. Czolk, U. Lemmer, N. Clark, J. Jasieniak, A. B. Holmes und D. Jones. Inverted semi-transparent organic solar cells with spray coated, surfactant free polymer top-electrodes. *Solar Energy Materials & Solar Cells*, 98:118, 2012.

- F. Nickel, **M. Reinhard**, Z. Zhang, A. Puetz, S. Kettlitz, U. Lemmer und A. Colsmann. Solution processed sodium chloride interlayers for efficient electron extraction from polymer solar cells. *Applied Physics Letters*, 101:053309, 2012.

- A. Puetz, F. Steiner, J. Mescher, **M. Reinhard**, N. Christ, D. Kutsarov, H. Kalt, U. Lemmer und A. Colsmann. Solution processable, precursor based zinc oxide buffer layers for 4.5% efficient organic tandem solar cells. *Organic Electronics*, 13:2696, 2012.

- **M. Reinhard**, J. Conradt, M. Braun, A. Colsmann, U. Lemmer und H. Kalt. Zinc oxide nanorod arrays hydrothermally grown on a highly conductive polymer for inverted polymer solar cells. *Synthetic Metals*, 162:1582, 2012.

- J. Czolk, A. Puetz, D. Kutsarov, **M. Reinhard**, U. Lemmer und A. Colsmann. Inverted Semi-transparent Polymer Solar Cells with Transparency Color Rendering Indices approaching 100. *Advanced Energy Materials*, 3:386, 2013.

- **M. Reinhard**, R. Eckstein, A. Slobodskyy, U. Lemmer und A. Colsmann. Solution-processed polymer–silver nanowire top electrodes for inverted semi-transparent solar cells. *Organic Electronics*, 14:273, 2013.

- **M. Reinhard**, C. Simon, J. Kuhn, L. Bürkert, M. Cemernjak, B. Dimmler, U. Lemmer und A. Colsmann. Cadmium-free copper indium gallium diselenide hybrid solar cells comprising a 2-(4-Biphenylyl)-5-(4-tert-butylphenyl)-1,3,4-oxadiazole buffer layer. *Applied Physics Letters*, 102:063304, 2013.

- **M. Reinhard**, P. Sonntag, R. Eckstein, L. Bürkert, A. Bauer, B. Dimmler, U. Lemmer und A. Colsmann. Monolithic hybrid tandem solar cells comprising copper indium gallium diselenide and organic subcells. Eingereicht.

Artikel in Konferenzbänden

- **M. Reinhard**, R. Eckstein, P. Sonntag, L. Bürkert, B. Dimmler, U. Lemmer und A. Colsmann. Solution-processed electrodes for efficient hybrid copper indium gallium diselenide thin film solar cells. *Proceedings of the 39th IEEE Photovoltaic Specialists Conference*, 2013.

Konferenzvorträge

- **M. Reinhard**, Z. Zhang, A. Slobodskyy, A. Colsmann und U. Lemmer. CIGS/organic hybrid photovoltaic devices. *SPIE Optics + Photonics*, San Diego, August 2010.

- **M. Reinhard**, R. Eckstein, A. Slobodskyy, U. Lemmer und A. Colsmann. Solution-processed polymer - silver nanowire top electrodes for efficient thin-film solar cells. *DECHEMA - Materials for Energy 2013*, Karlsruhe, Mai 2013.

- **M. Reinhard**, R. Eckstein, P. Sonntag, L. Bürkert, B. Dimmler, U. Lemmer und A. Colsmann. Solution-processed electrodes for efficient hybrid copper indium gallium diselenide thin film solar cells. *39th IEEE Photovoltaic Specialists Conference*, Tampa, Juni 2013.

Konferenzposter

- **M. Reinhard**, A. Puetz, F. Nickel, J. Czolk, A. Bauer, J. Hanisch, E. Ahlswede, M. Powalla, A. Colsmann und U. Lemmer. Solution processed semi-transparent polymer solar cells. *SPIE Optics + Photonics*, San Diego, August 2010.

- **M. Reinhard**, O. Lösch, Z. Zhang, A. Colsmann und U. Lemmer. The influence of bias annealing on the performance of polymer solar cells. *Hybrid and Organic Photovoltaics Conference*, Valencia, Mai 2011.

- **M. Reinhard**, J. Hanisch, Z. Zhang, E. Ahlswede, A. Colsmann und U. Lemmer. Solution-processed cesium fluoride interlayers for inverted polymer solar cells. *Hybrid and Organic Photovoltaics Conference*, Valencia, Mai 2011.

- **M. Reinhard**, J. Kuhn, C. Simon, A. Colsmann und U. Lemmer. Copper indium gallium diselenide hybrid solar cells comprising solution-deposited window and organic buffer layers. *Hybrid and Organic Photovoltaics Conference*, Uppsala, Mai 2012.

Betreute Arbeiten

- O. Lösch, „Vertikale Phasenseparation in invertierten organischen Solarzellen", Diplomarbeit (Physik), 2010

- K. Haulitschke, „Polymerelektroden für semitransparente organische Solarzellen", Bachelorarbeit (Elektrotechnik und Informationstechnik), 2010

- S. Brenner, „Hybridelektroden für organische Solarzellen", Bachelorarbeit (Elektrotechnik und Informationstechnik), 2010

- B. Schwarz, „Transparente Metallschichten als Frontkontakt für $Cu(In,Ga)Se_2$-Solarzellen", Studienarbeit (Elektrotechnik und Informationstechnik), 2010

- A. Asafi, „Kompositelektroden aus Silber-Nanodrähten und PEDOT:PSS für organische Solarzellen", Bachelorarbeit (Elektrotechnik und Informationstechnik), 2011

- C. Simon, „Impedanzspektroskopie an organisch-anorganischen Hybrid-Solarzellen", Studienarbeit (Elektrotechnik und Informationstechnik), 2011

- J. Kuhn, „Temperaturabhängige Admittanzspektroskopie an organisch-anorganischen Hybridsolarzellen", Studienarbeit (Elektrotechnik und Informationstechnik), 2012

- R. Eckstein, „Hybride Tandemsolarzellen auf Basis von $Cu(In,Ga)Se_2$ und P3HT:PCBM", Diplomarbeit (Elektrotechnik und Informationstechnik), 2012

- P. Sonntag, „Soft-Contact Lamination for Organic-Inorganic Hybrid Tandem Solar Cells", Masterarbeit (Physik), 2012

Inhaltsverzeichnis

1 Einleitung

Eine der größten Herausforderungen unserer Zeit ist die Lösung des Energieproblems. Allein in den letzten 20 Jahren ist der Primärenergiebedarf der Menschheit um ca. 66% gestiegen, wobei sich auch die Menge der weltweit „erzeugten" elektrischen Energie im gleichen Zeitraum nahezu verdoppelt hat [1]. Während der Bedarf in westlichen Industriestaaten stagnierte, ist dieser Trend vor allem auf den gewachsenen Energiehunger in aufstrebenden Schwellenländern in Asien und Südamerika zurückzuführen. Direkte Konsequenzen sind steigende Rohstoffpreise fossiler Energieträger wie Rohöl, Erdgas oder Kohle. Abbildung 1.1 zeigt deren preislichen Verlauf in den zurückliegenden Jahrzehnten. Demnach stiegen die Rohstoffpreise insbesondere seit der Jahrtausendwende stark an und gingen nur kurzfristig aufgrund der Weltfinanzkrise 2008 und 2009 zurück. Ein weiterer Preisanstieg ist jedoch angesichts der sich erholenden Weltwirtschaft und zugleich schwindenden Ressourcen absehbar. Ein schwerwiegendes Problem, das mit der Nutzung fossiler Energiequellen einhergeht, ist die Emission des klimaschädlichen Gases Kohlenstoffdioxid bei deren Verbrennung. Der vermehrte Ausstoß derartiger Treibhausgase führt langfristig zur globalen Klimaerwärmung und damit zu verheerenden Konsequenzen für Mensch und Umwelt.

Eine nachhaltige Lösung des Energieproblems stellt der Ausbau erneuerbarer Energieformen dar, die sich die Sonnenstrahlung, die Wind- und Gezeitenkraft oder die Geothermie zu Nutze machen. Während sich regenerative Energiequellen wie biogene Brennstoffe, Windenergie oder Wasserkraft immer stärker etablieren und im Jahre 2011 bereits 12% des Endenergiebedarfs in Deutschland ausmachten [4], gewinnt zunehmend die photovol-

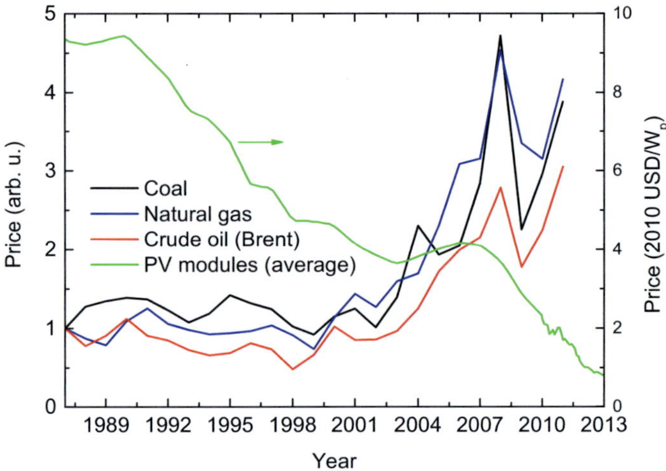

Abbildung 1.1: Preisentwicklung fossiler Energieträger (aus [1]) und durchschnittlicher Photovoltaik-Modul-Preis seit 1987 (aus [2] und ab 2010 aus [3]).

taische Stromerzeugung weltweit an großer Bedeutung. So ist den Preisen für fossile Energieträger in Abbildung 1.1 der durchschnittliche Preis von Solarzellenmodulen gegenübergestellt, der in den letzten Jahren rapide gesunken ist und aktuell bereits deutlich unter 1 USD/W$_p$ liegt [3]. Dies führt dazu, dass photovoltaischer Strom im Süden Spaniens bereits zu 0,07 bis 0,09 EUR/kWh generiert werden kann und damit auch ohne Subventionen wettbewerbsfähig ist [5].

Obwohl der Markt noch immer überwiegend durch Module aus poly- bzw monokristallinem Silizium dominiert wird, wurden verschiedene Konzepte für Dünnschichtsolarzellen entwickelt, die mittlerweile mit etablierten Siliziumsolarzellen konkurrieren können. Abbildung 1.2 zeigt die Entwicklung der Wirkungsgrade ausgewählter Solarzellentechnologien. Während in der Silizium-basierten Photovoltaik seit Jahren keine weiteren Effizienzsteigerungen im Labormaßstab verzeichnet wurden, konnten bei Dünnschichttechnologien deutliche Fortschritte erzielt werden. Anorganische Solarzel-

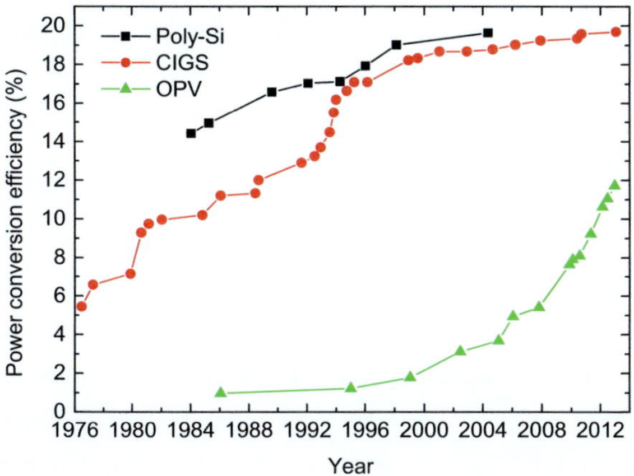

Abbildung 1.2: Entwicklung der Wirkungsgrade von Solarzellen aus polykristallinem Silizium, CIGS und organischen Halbleitern (aus [6] und [7]).

len auf Basis von Kupfer-Indium-Gallium-Diselenid bzw. $Cu(In,Ga)Se_2$ (CIGS) sind mittlerweile hinsichtlich ihrer Effizienz polykristallinen Siliziumsolarzellen ebenbürtig und haben zudem den Vorteil, dass sie auf kostengünstigen Folien abgeschieden werden können [8]. Allerdings werden bei der Herstellung kommerzieller CIGS-Module überwiegend kostspielige Vakuum-Prozesse verwendet. Einen alternativen Ansatz verfolgen organische Solarzellen, deren funktionelle Schichten vorwiegend aus organischen Halbleitern bestehen, die sich perspektivisch durch kostengünstige Druckprozesse abscheiden lassen. Wie in Abbildung 1.2 dargestellt, konnte der Wirkungsgrad solcher Solarzellen in den letzten Jahren deutlich gesteigert werden, was unter anderem der Synthese neuer Absorber und der Entwicklung effizienterer Bauelementarchitekturen zu verdanken ist. So konnten Anfang 2013 erstmals organischen Solarzellen mit einer zertifizierten Effizienz von 12% im Labormaßstab demonstriert werden [9].

Einen vielversprechenden Ansatz, einerseits die ausgereifte anorganische Dünnschichttechnologie und andererseits kostengünstige Abscheidungsprozesse organischer Solarzellen zu vereinen, stellen Hybridsolarzellen dar, die Gegenstand der Untersuchungen im Rahmen der vorliegenden Arbeit sind.

Gliederung der Arbeit

Die Schwerpunkte dieser Arbeit liegen sowohl in der Substitution der Pufferschichten und Elektroden konventioneller CIGS-Solarzellen durch flüssig prozessierbare Materialien, als auch in der Kombination von CIGS mit organischen Absorbern um das Sonnenspektrum effektiver auszunutzen. In Kapitel 2 werden zunächst die Grundlagen organischer Halbleiter sowie von Polymer- und CIGS-Solarzellen beschrieben. In den darauf folgenden Kapiteln 3 und 4 werden die im Rahmen dieser Arbeit angewandten und teilweise neu entwickelten Herstellungs- und Charakterisierungstechniken erläutert. Hybride Konzepte für Solarzellenelektroden, sowie vorbereitende Experimente mit Polymersolarzellen für die spätere Herstellung von Hybridsolarzellen werden zunächst in Kapitel 5 beschrieben. Anschließend wird in Kapitel 6 untersucht, inwiefern sich etablierte Pufferschichten und Frontkontakte in CIGS-Solarzellen durch flüssig prozessierbare, organische Materialien ersetzen lassen. Schließlich werden in Kapitel 7 Konzepte zur seriellen und parallelen Verschaltung von CIGS- und Polymer-Subzellen zu hybriden Tandemsolarzellen vorgestellt. Im abschließenden Kapitel 8 werden die vorgestellten Ergebnisse zusammengefasst und es wird ein Ausblick auf mögliche weiterführende Fragestellungen gegeben.

2 Grundlagen

Dieses Kapitel stellt zunächst in Abschnitt 2.1 die fundamentalen Grundlagen von CIGS-Solarzellen vor und führt dabei die relevanten photovoltaischen Kenngrößen und Messmethoden ein. Im Hinblick auf die Verwendung organischer Funktionsschichten werden in Unterkapitel 2.2 die theoretischen Grundlagen organischer Halbleiter, sowie deren Ladungstransportmechanismen und Absorptionseigenschaften dargestellt. Anschließend werden die Besonderheiten organischer Polymersolarzellen in Abschnitt 2.3 erläutert. Mit der Beschreibung von Tandem-Solarzellen wird schließlich in Unterkapitel 2.4 ein Konzept vorgestellt um das Sonnenspektrum effizienter auszunutzen.

2.1 Cu(In,Ga)Se$_2$-Solarzellen

Solarzellen mit Cu(In,Ga)Se$_2$-Absorberschichten (CIGS) haben mit Wirkungsgraden von bis zu 20,4% bereits zu polykristallinen Siliziumsolarzellen aufgeholt und stellen damit die zur Zeit effizienteste Dünnschichttechnologie dar [8, 10]. Zudem lassen sie sich auf flexiblen Substraten abscheiden [8] und werden bereits in großem industriellen Maßstab auf qualitativ hohem Niveau hergestellt. So konnte die Firma Solar Frontier, die mit 900 MW jährlicher Produktionskapazität die weltweit größten CIGS-Produktionsstätten betreibt, erst kürzlich eine Rekordeffizienz von 17,8% für Minimodule erzielen [11]. Eine eingehende Darstellung der Bauteilphysik, sowie aktueller Herstellungsmethoden ist in den Referenzen [12, 13] zu finden.

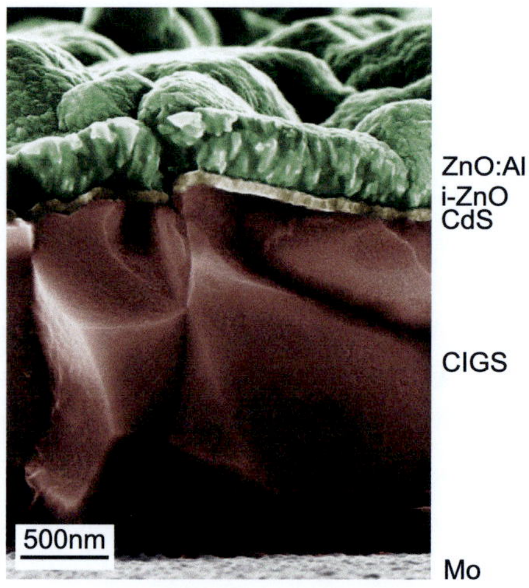

Abbildung 2.1: Falschfarben-Aufnahme einer Bruchkante einer hocheffizienten, industriell gefertigten CIGS-Solarzelle.

Eine Bruchkante einer hocheffizienten CIGS-Solarzelle, die am Zentrum für Sonnenenergie- und Wasserstoffforschung Baden-Württemberg (ZSW) gefertigt wurde, ist in Abbildung 2.1 dargestellt. In der Regel werden die Solarzellen im Substrat-Aufbau gefertigt, indem der opake Molybdän-Rückkontakt direkt auf dem Trägerglas durch Kathodenzerstäubung abgeschieden wird. Die darauf folgende CIGS-Absorberschicht wurde bei den im Rahmen dieser Arbeit verwendeten Solarzellen durch einen mehrstufigen Koverdampfungsprozess aufgetragen, bei dem Kupfer, Indium, Gallium und Selen bei Temperaturen oberhalb von $500\,^{\circ}\mathrm{C}$ im Vakuum abgeschieden werden. Durch dieses Verfahren kann beispielsweise der Gallium-Gehalt und damit die Bandlücke des Halbleiters gezielt kontrolliert werden, wodurch sich vertikale Bandlückengradienten einstellen lassen [14]. Nach der Deposition des p-halbleitenden CIGS-Absorbers wird eine n-halbleitende Pufferschicht zur Ausbildung eines pn-Übergangs appliziert. In der Regel wird hier das toxische Cadmiumsulfid (CdS) über einen Nassprozess im chemischen Bad abgeschieden. Abschließend wird durch Ka-

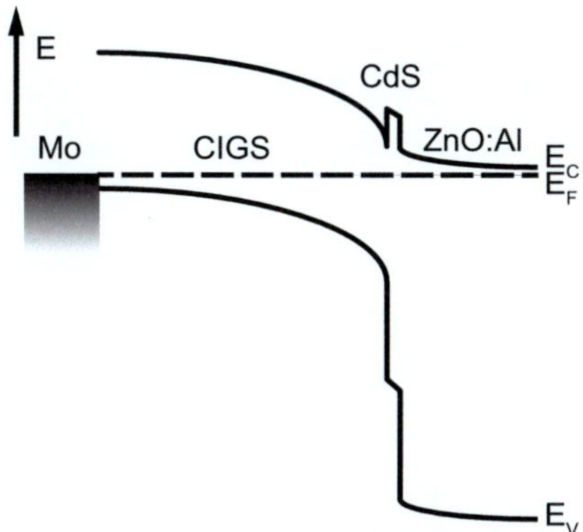

Abbildung 2.2: Banddiagramm einer CIGS-Solarzelle beim Kurzschluss beider Elektroden (nach [12]).

thodenzerstäubung eine dünne Schicht intrinsischen Zinkoxids (i-ZnO), sowie eine Schicht Aluminium dotierten ZnOs (ZnO:Al) als transparenter Frontkontakt appliziert. Insgesamt ist die Solarzelle somit nur wenige Mikrometer dick, weist dabei jedoch aufgrund der Polykristallinität des CIGS-Absorbers eine hohe Rauheit auf, wie in Abbildung 2.1 deutlich zu erkennen ist.

Zur Diskussion der Bauteil-Physik ist in Abbildung 2.2 das Banddiagramm einer CIGS-Solarzelle im Kurzschluss dargestellt. Während der Molybdän-Rückkontakt (Mo) als Anode und der transparente ZnO:Al-Frontkontakt als Kathode fungieren, ist insbesondere die Ausbildung des pn-Übergangs von essentieller Bedeutung für die Funktion der Solarzelle. Der pn-Übergang wird einerseits durch eine durch Bandanpassung und gezielte Dotierung hervorgerufene Inversion des p-leitenden CIGS an dessen Oberfläche hergestellt [15,16], andererseits wurde auch eine oberflächennahe n-Dotierung durch Diffusion von Cd-Ionen aus der Pufferschicht vorgeschlagen [17]. Durch die verschiedenen Positionen der Leitungsbandkanten in CIGS und CdS entsteht an deren Übergang ein Versatz, wie in Abbildung 2.2 dargestellt ist. In Publikationen wird dieser mehrheitlich als Barriere (engl. *spike*) beschrieben, der die Elektronenextraktion aus der Absorberschicht bei zu hohem Versatz behindern kann [12, 18]. Die zusätzliche i-ZnO-Schicht verhindert als Schutzschicht eine erhöhte Rekombination durch etwaige lokale Kurzschlüsse [19].

Im Folgenden werden die wichtigsten Kenngrößen von CIGS-Solarzellen anhand von Stromdichte-Spannungs-Kennlinien (j-U) abgeleitet. Da jede Solarzelle als eine unter Beleuchtung die Stromdichte j_{SC} generierende Diode dargestellt werden kann, stellt die Grundlage der mathematischen Beschreibung die klassische Diodengleichung dar. Während die Band-Band-Rekombination bereits intrinsisch in der Diodengleichung berücksichtigt wird, müssen Widerstände und weitere Rekombinationsprozesse, vor allem an Verunreinigungen und Störstellen, separat berücksichtigt werden. Eine detaillierte Darstellung findet sich in Ref. [20] und führt zur Diodengleichung für reale Solarzellen:

$$j = j_1 \left[exp \left(\frac{e(U - jr_S)}{k_{\mathrm{B}}T} \right) - 1 \right] + j_2 \left[exp \left(\frac{e(U - jr_S)}{nk_{\mathrm{B}}T} \right) - 1 \right] \\ + j_{sc} + \frac{U - jr_S}{r_P} \tag{2.1}$$

Dabei beschreiben j die Stromdichte, U die angelegte Spannung, r_S bzw. r_P den flächenbereinigten spezifischen Serien- bzw. Parallelwiderstand mit der Einheit $\Omega \mathrm{cm}^2$, k_{B} die Boltzmann-Konstante, T die Temperatur und e die Elementarladung. Der Idealitätsfaktor n nimmt im Idealfall den Wert 1 an, liegt aber bei realen Solarzellen in der Regel zwischen 1 und 2 [21]. Die Widerstände r_P bzw. r_S können jeweils aus der j-U-Kennlinie als inverse Steigung in Sperr- bzw. Flussrichtung der Diode abgelesen werden.

Alle weiteren relevanten photovoltaischen Kenngrößen lassen sich am besten anhand der in Abbildung 2.3 dargestellten j-U-Kennlinie beschreiben. So gibt die Kurzschlussstromdichte j_{SC} bei Kurzschluss der Elektroden Auskunft über die Absorptionseigenschaften der Solarzelle. Die Leerlaufspannung U_{OC} fällt im Falle offener Klemmen ab und wird im Wesentlichen

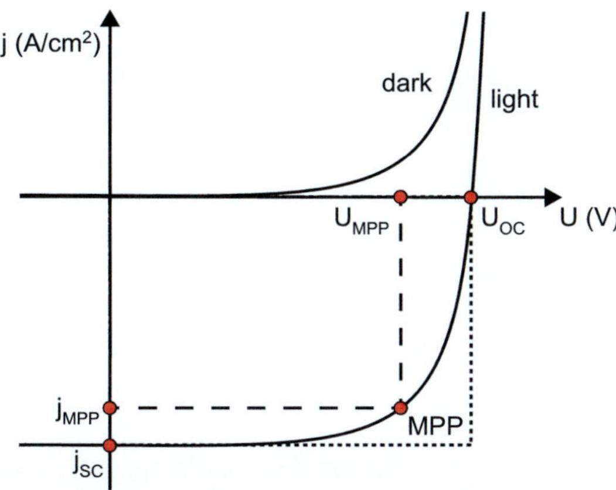

Abbildung 2.3: Stromdichte-Spannungs-Kennlinie einer Solarzelle unter Beleuchtung bzw. im Dunkeln gemessen.

durch die Bandlücke des Absorbers bzw. die Diffusionsspannung bestimmt. Auch der Füllfaktor $FF = \frac{U_{MPP} \cdot I_{MPP}}{U_{OC} \cdot I_{SC}}$ einer Solarzelle, für dessen Berechnung der Strom und die Spannung im Punkt maximaler Leistung (MPP, engl. *maximum power point*) benötigt werden, kann wichtige Rückschlüsse über die Funktion der Solarzelle geben. Ideale Dioden weisen in Abhängigkeit ihrer Leerlaufspannung Füllfaktoren von 80 bis 90% bei Raumtemperatur auf [20]. Besonders Kontaktwiderstände oder Kurzschlüsse innerhalb der Solarzelle, aber auch Rekombinationsprozesse können den Füllfaktor jedoch drastisch verringern. Als Gütefaktor ist schließlich der Wirkungsgrad η einer Solarzelle von besonderem Interesse, der die eingestrahlte Leistung $P_{Strahlung}$ mit der elektrisch maximal entnehmbaren Leistung P_{MPP} vergleicht:

$$\eta = \frac{P_{MPP}}{P_{Strahlung}} = FF \cdot \frac{U_{OC} \cdot I_{SC}}{P_{Strahlung}} \qquad (2.2)$$

Die eingestrahlte Leistung $P_{Strahlung}$ kann dabei von einem Solarsimulator erzeugt werden, dessen Emissionsspektrum möglichst dem von der ASTM International definierten Standard G173-03 [22] gleichen sollte. Dieser be-

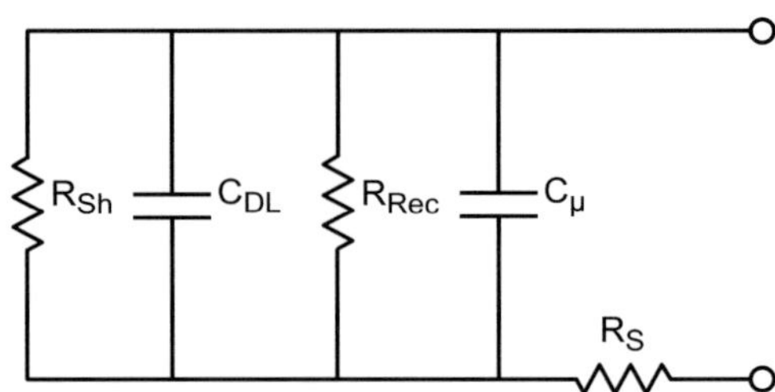

Abbildung 2.4: Verallgemeinertes Kleinsignal-Ersatzschaltbild einer Solarzelle (nach [23]).

schreibt das solare Spektrum auf der Erdoberfläche unter einem Zenitwinkel von 48,2°, was einem sogenannten *Air-Mass*-Index von AM1.5 entspricht. Das Sonnenlicht erreicht damit nach Durchlaufen der Atmosphäre und der damit verbundenen Absorption und Streuung eine Leistung von ca. $1000\,\text{W/m}^2$.

Während in der vorangegangenen Beschreibung der Solarzellen der Betrieb mit Gleichspannung beschrieben wurde, bietet die experimentelle Charakterisierung mit Wechselspannung weitergehende Möglichkeiten zur Untersuchung elektronischer Eigenschaften. Einführungen in die Thematik werden in den Referenzen [23–25] gegeben. Grundlage der Analyse stellt das Kleinsignal-Ersatzschaltbild in Abbildung 2.4 für Solarzellen unter Anregung mit Wechselspannung dar. Darin werden wie zuvor serielle (R_S) und parallele Widerstände (R_{Sh}) zur Darstellung von nichtidealen Widerständen verwendet. Entsprechend werden zur Beschreibung der Kleinsignal-Eigenschaften Parallelschaltungen von Widerständen R mit Kapazitäten C verwendet. Die Raumladungszone, in der sich keine freien Ladungsträger befinden, fällt in dieser Beschreibung hauptsächlich über dem Absorber ab. Ihre Breite w lässt sich durch Anlegen einer negativen Spannung modulieren, wodurch auch ihre Kapazität

$$C_{DL} = \frac{\varepsilon_0 \varepsilon_r \cdot A}{w} \tag{2.3}$$

verändert wird. Dabei beschreiben ε_0 die elektrische Feldkonstante und ε_r die relative Permittivität des Absorbers sowie A dessen Fläche. Ferner kann durch eine spannungsabhängige Auftragung der Kapazität C_{DL} die Breite der Raumladungszone

$$w = \sqrt{\frac{2\varepsilon\,(U_{BI} - V)}{eN_A}} \tag{2.4}$$

und damit die Akzeptordichte N_A sowie die Diffusionsspannung U_{BI} abgelesen werden. Die Zuverlässigkeit dieser Methode ist jedoch nur bei hinreichend hoch dotierten Absorbern gegeben [26]. Bei Betrieb der Diode in Flussrichtung hingegen wird die gemessene Kapazität durch die Injektion von Minoritäten in die neutralen Bahngebiete dominiert. Man spricht dann von der Diffusionskapazität bzw. chemischen Kapazität C_μ, die exponentiell mit der angelegten Spannung ansteigt, da die Ladungsträgerkonzentration der Minoritäten stark erhöht wird [27]. Ein Maß, wie schnell die injizierten Ladungsträger mit den Löchern rekombinieren, wird mit dem Rekombinationswiderstand R_{Rec} bzw. der Lebensdauer

$$\tau = C_\mu \cdot R_{Rec} \tag{2.5}$$

gegeben. Vor allem die Lebensdauer τ eignet sich damit ideal zur Untersuchung kathodenseitiger Pufferschichten und wird daher im Rahmen dieser Arbeit bei entsprechenden Bauelementarchitekturen gemessen und interpretiert. Experimentell lassen sich die beschriebenen Widerstände und Kapazitäten durch Impedanzspektroskopie ermitteln. Bei dieser Methode wird die Solarzelle in einem bestimmten Arbeitspunkt betrieben, während die angelegte DC-Spannung mit einer AC-Spannung niedriger Amplitude und variierender Frequenz ω moduliert wird. So lässt sich die komplexwertige Impedanz $Z(\omega) = U(\omega)/I(\omega)$ als Verhältnis der angelegten Spannung $U(\omega)$ zur in der Regel phasenverschobenen Stromantwort $I(\omega)$ bestimmen. Eine Auftragung der gemessenen Impedanz in der komplexen Ebene erlaubt dann die Bestimmung der Kapazitäten und Widerstände über Anpassung geeigneter Ersatzschaltbilder an die Messergebnisse. Generell werden bei Solarzellen Halbkreise in der komplexen Ebene erwartet, da die Impedanz eines parallelen RC-Gliedes durch $Z^{-1} = R + (i\omega C)^{-1}$ gegeben ist.

2.2 Organische Halbleiter

Obwohl die Entdeckung halbleitender Eigenschaften einiger organischer Verbindungen bereits Jahrzehnte zurücklag, rückten sie erst Mitte der 1980er Jahre mit der Herstellung erster organischer Solarzellen [28] und Leuchtdioden [29] in den Fokus öffentlichen Interesses. Organische Halbleiter sind spezielle ungesättigte Kohlenwasserstoffverbindungen, deren grundlegenden Bindungsverhältnisse sich am Beispiel des Moleküls Ethen (C_2H_4) in Abbildung 2.5a veranschaulichen lassen. In diesem Molekül sind 3 der 4 Valenzelektronen des Kohlenstoffs sp^2-hybridisiert (rot eingezeichnet), was zu σ-Bindungen zwischen den benachbarten Kohlenstoff-Atomen bzw. zwischen den Kohlen- und Wasserstoff-Atomen (gelb eingezeichnet) führt. Diese starke kovalente Bindung definiert das Grundgerüst des Moleküls. Daneben wird die energetische Entartung der verbleibenden p_z-Elektronen (blau eingezeichnet) aufgehoben, indem sie eine verhältnismäßig schwache π-Bindung eingehen.

Abbildung 2.5b zeigt das Termschema des nicht angeregten Ethen-Moleküls, in dem das höchste besetzte Niveau π als HOMO (engl. *highest occupied molecular orbital*) und das niedrigste unbesetzte Niveau π^* als LUMO (engl. *lowest unoccupied molecular orbital*) bezeichnet werden.

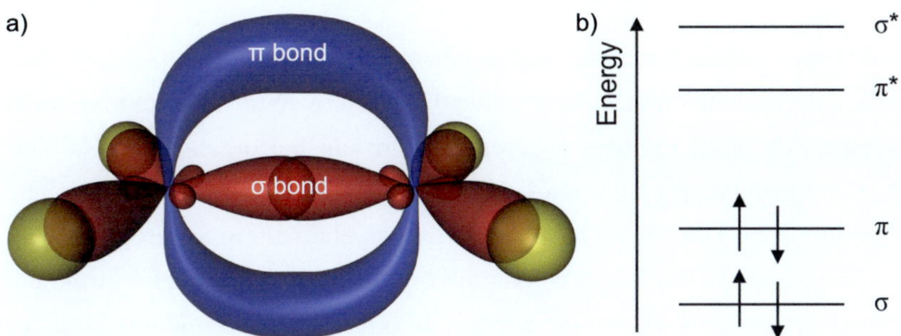

Abbildung 2.5: Grundzustand des Ethen-Moleküls C_2H_4. a) Schematische Skizze der Bindungsverhältnisse. b) Termschema.

Wechseln sich die beschriebenen Doppelbindungen mit Einfachbindungen innerhalb eines Moleküls ab, so ist die π-Bindung nicht mehr lokalisierbar und man spricht folglich von einem delokalisierten π-Elektronensystem. Dieses führt letztendlich zu den halbleitenden Eigenschaften des Moleküls, da die Übergänge zwischen dem HOMO und dem LUMO eines solchen Materials meist zwischen 1,5 und 3 eV liegen [30]. Generell lassen sich HOMO und LUMO auf die aus der klassischen Halbleitertheorie bekannte Darstellung von Valenz- und Leitungsband übertragen. Somit können zwar viele Konzepte kristalliner, anorganischer Halbleiter übernommen werden, die mikroskopischen Ladungstransportmechanismen unterscheiden sich jedoch fundamental. Freie Ladungsträger können sich zunächst nur entlang der konjugierten Kette ungestört bewegen und weisen so für sehr kurze Distanzen Mobilitäten von mehreren $10\,\mathrm{cm^2/Vs}$ auf [31]. Da Elektronen und Löcher nur durch thermisch aktiviertes *Hopping* benachbarte Molekülketten erreichen können, wird die Mobilität durch diese intermolekularen Übergänge stark limitiert. Aufgrund der amorphen Struktur wird die Beweglichkeit zusätzlich durch Fallenzustände vermindert, sodass typische Beweglichkeiten im Bereich von 10^{-6} bis $10^{-2}\,\mathrm{cm^2/Vs}$ liegen. Diese geringen Mobilitäten führen dazu, dass funktionelle Schichten organischer Halbleiter selten dicker als wenige hundert Nanometer aufgebracht werden können.

Auch unter optischer Anregung ergeben sich wichtige Unterschiede zwischen organischen und anorganischen Halbleitern. Wird ein Elektron durch Absorption eines Photons angeregt, so entsteht bei organischen Halbleitern ein gebundenes Elektron-Loch-Paar, ein sogenanntes Exziton. Solche Quasiteilchen können auch in anorganischen Halbleitern angeregt werden, wo sie jedoch in der Regel bereits thermisch zu einem freien Elektron und einem freien Loch dissoziiert werden. In organischen Halbleitern sind das Elektron und das Loch hingegen auf demselben Molekül lokalisiert, sodass ihr Abstand selten mehr als 1 nm beträgt. Da die Coulomb-Anziehung durch die niedrige relative Permittivität $\varepsilon_r \approx 3$ in organischen Halbleitern kaum abgeschirmt ist, erhält man Exzitonenbindungsenergien von ca. 0,5 eV. Diesen hohen Bindungsenergien muss insbesondere bei der Herstellung organischer optoelektronischer Bauelemente, vor allem auch organischer Solarzellen, Rechnung getragen werden.

Ferner unterscheiden sich organische Halbleiter aufgrund ihrer schmalen elektronischen Banden und der damit verbundenen Bandenabsorption grundsätzlich von anorganischen Kristallen. Die Absorption lässt sich mit Mitteln der präparativen organischen Chemie bereits durch kleine Variationen der Molekülstrukturen verändern bzw. durchstimmen. So können organische Halbleiter in nahezu beliebiger Farbe hergestellt werden, was für zahlreiche Anwendungsgebiete, wie etwa Farbdisplays, Beleuchtung oder gebäude- bzw. textilintegrierte Photovoltaik, von großem Interesse ist. Da organische Halbleiter zugleich über sehr hohe Absorptionskoeffizienten von ca. 10^5 cm^{-1} verfügen [32, 33], können bereits sehr dünne Halbleiterfilme einen signifikanten Anteil des Sonnenlichtes absorbieren.

Die möglichen Methoden zur Abscheidung dünner, organischer Filme hängen im Wesentlichen von der Struktur des Halbleiters ab. Während niedermolekulare Systeme (engl. *small molecules*) bzw. Monomere durch thermisches Verdampfen mit exakt definierbaren Schichtdicken aufgebracht werden können, würden sich längerkettige Polymere durch diesen Prozess zersetzen. Diese werden stattdessen mit löslichen Seitengruppen versehen und können dann aus der Flüssigphase verarbeitet werden.

2.3 Organische Solarzellen

Bei klassischen, anorganischen Solarzellen werden Photonen absorbiert, die dabei freie Elektron-Loch-Paare generieren. Der eingebaute pn-Übergang sorgt durch das elektrische Feld für eine Trennung und die Ladungsträger gelangen so zu den Elektroden. In organischen Solarzellen hingegen können photogenerierte Exzitonen aufgrund der hohen Bindungsenergie, wie in Abschnitt 2.2 beschrieben, nicht thermisch dissoziiert werden. Daher werden in organischen Solarzellen spezielle Konzepte zur Exzitonendissoziation verfolgt. Eine ausführliche Darstellung dieser Funktionsprinzipien sowie eine aktuelle Übersicht über den Stand der Technik kann beispielsweise in den Referenzen [34–36] gefunden werden.

Während in ersten Experimenten planare Heteroübergänge zur Dissoziation verwendet wurden [28], werden mittlerweile fast ausschließlich sogenannte *Bulk-Heterojunction*-Solarzellen hergestellt, deren Querschnitt schematisch in Abbildung 2.6 dargestellt ist. Nachdem das einfallende Pho-

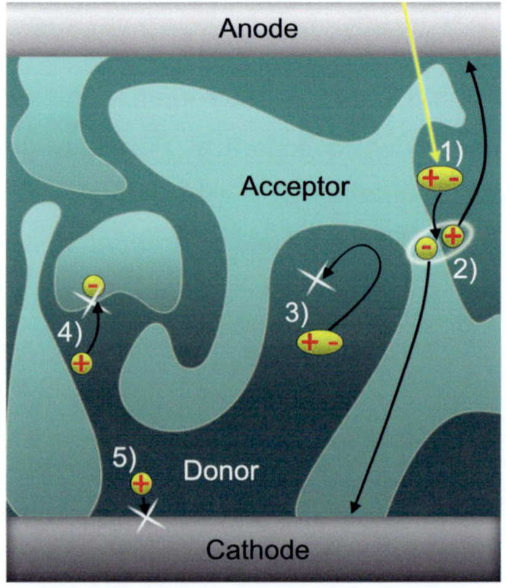

Abbildung 2.6: Generations- und Rekombinationsprozesse innerhalb einer organischen *Bulk-Heterojunction*-Solarzelle.

ton im p-halbleitenden Polymer unter Generation eines Exzitons absorbiert wurde (Prozess 1), diffundiert dieses so lange bis es auf eine Grenzfläche zu dem elektronenaffinen Halbleiter (Akzeptor) trifft, dessen LUMO mindestens um die Bindungsenergie des Exzitons tiefer liegt als das LUMO des Absorbers. Da an diesem Übergang eine Dissoziation energetisch begünstigt ist, geht das Elektron auf den Akzeptor über, wodurch ein noch gebundener Ladungstransferzustand (Prozess 2) entsteht. Wird dieser Zustand dissoziiert, können die freien Ladungsträger durch das eingebaute elektrische Feld über perkolierte, einphasige Domänen zu den Elektroden gelangen und somit zum Stromfluss beitragen. Ferner sind in Abbildung 2.6 Rekombinationsprozesse schematisch eingezeichnet. So können photogenerierte Exzitonen monomolekular rekombinieren, sofern sie nicht innerhalb ihrer Diffusionslänge auf eine Donator-Akzeptor-Grenzschicht treffen (Prozess 3). Treffen freie Ladungsträger auf dem Weg zur Elektrode auf eingeschlossene Materialdomänen, so können sie bimolekular rekombinieren (Prozess 4). Werden zwischen der *Bulk-Heterojunction* und den Elektroden keine Blockschichten verwendet, so können Ladungsträger auch an der jeweils entgegengesetzt geladenen Elektrode rekombinieren (Prozess 5). Deshalb werden bei der Herstellung organischer Solarzellen oftmals ladungsträgerselektive Transportschichten als semipermeable Membranen eingesetzt.

Die dargestellte Morphologie des interpenetrierenden Netzwerks lässt sich einerseits durch Koverdampfung der entsprechenden Materialien oder durch das Mischen zweier Halbleiter und Abscheiden aus der Flüssigphase herstellen. Gerade bei der letzteren Methode, die im Rahmen dieser Arbeit angewandt wurde, gibt es zahlreiche Parameter, um die Morphologie und Kristallinität des Gemisches zu beeinflussen. Neben der Variation der Mischungsverhältnisse kommen hierbei die Wahl eines geeigneten hochsiedenden Lösungsmittels [37], das thermische Ausheizen [38], die Zugabe von Additiven [39] oder die Kontrolle der Trocknungsgeschwindigkeit [40] in Betracht.

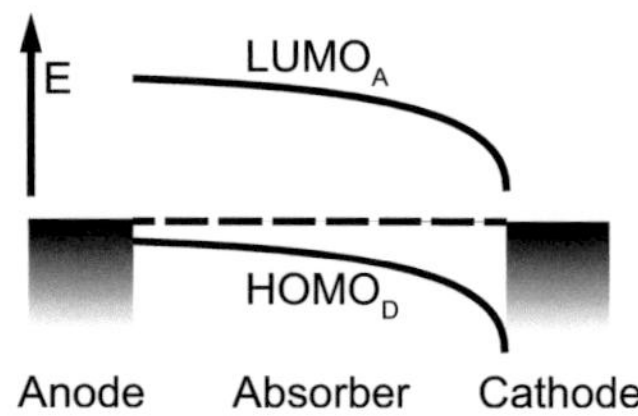

Abbildung 2.7: Banddiagramm einer organischen Solarzelle beim Kurzschluss beider Elektroden.

Insgesamt lassen sich die vertikal und horizontal verteilten molekularen pn-Übergänge als effektives Medium beschreiben mit einem effektiven LUMO$_A$, das dem LUMO des Akzeptors entspricht und einem HOMO$_D$, das dem HOMO des Donators entspricht [41]. Somit lässt sich das Banddiagramm organischer Solarzellen wie in Abbildung 2.7 gezeigt darstellen. Da das im Rahmen dieser Arbeit vorwiegend untersuchte Absorbermaterial als p-dotiert angenommen werden kann [42, 43], wird auch das effektive Absorbergemisch als solches angenommen. Infolgedessen bildet sich die Raumladungszone nur über einen kathodenseitigen Bereich aus [44–46]. Die Leerlaufspannung organischer Solarzellen wird im Wesentlichen durch die Differenz zwischen dem HOMO des Donators und dem LUMO des Akzeptors determiniert [47]. Sie kann jedoch durch die Wahl der Elektroden nachteilig beeinflusst werden, wenn die Austrittsarbeit der Anode geringer als die Energie des HOMOs des Donators oder die Austrittsarbeit der Kathode höher als die Energie des LUMOs des Akzeptors ist [48]. Ansonsten weisen organische Solarzellen einige weitere physikalische Merkmale auf, die bei der Interpretation von Experimenten in Betracht gezogen werden müssen. Da die Mobilität organischer Halbleiter deutlich geringer als die anorganischer, kristalliner Halbleiter ist, können sich bei hohen Betriebsspannungen Raumladungen ausbilden. Dies führt dazu, dass der Serienwiderstand der Solarzelle spannungsabhängig sein kann [49]. Da Ladungsträger wie zuvor beschrieben auch in Inseldomänen eingeschlossen sein können und damit Raumladungen aufbauen können, ist auch der Parallel-widerstand in der Regel licht- und spannungsabhängig [41].

Bei organischen Solarzellen werden üblicherweise die lichtzugewandten Frontkontakte auf dem Trägerglas aufgebracht, sodass man im Gegensatz zu CIGS-Solarzellen von einer Superstratarchitektur spricht. Um dennoch eine einfache, einheitliche Beschreibung der Kontakte der im Rahmen der vorliegenden Arbeit hergestellten Solarzellen zu ermöglichen, wird für Substrat-seitige Kontakte der Begriff *„Bottom"*-Kontakt und für den als letztes applizierten Kontakt der Begriff *„Top"*-Kontakt verwendet. Auf die sonst übliche Verwendung der Begriffe Front- und Rückkontakt wird auch hinsichtlich der Ambiguität bei semitransparenten Solarzellen verzichtet.

Ferner werden in Anlehnung an die bei organischen Solarzellen ge-bräuchlichen Bezeichnungen [34] Solarzellen-Architekturen als „Standard-Architektur" bezeichnet, wenn die Anode als *Bottom*-Kontakt auf dem Glassubstrat aufgebracht wird, bzw. als „invertierte Architektur" bezeich-net, wenn die Anode als *Top*-Kontakt verwendet wird. Während die Standard-Architektur angesichts der technologisch einfacheren Abschei-dung lange Zeit favorisiert wurde, setzt sich zunehmend die invertierte Ar-chitektur bei organischen Solarzellen aufgrund der höheren Stabilität der Bauteile durch [50].

2.4 Tandem-Solarzellen

Der Wirkungsgrad von Solarzellen mit nur einem Absorbermaterial wird durch eine erstmals von Shockley und Queisser hergeleitete Obergrenze limitiert [51]. Dieser Theorie liegt die Absorption sämtlicher Photonen zugrunde, deren Energie größer als die Bandlücke des Absorbermaterials ist. Unter Berücksichtigung von Thermalisationsprozessen hochenergetischer freier Ladungsträger sowie von thermodynamisch unvermeidbarer strahlender Rekombination können somit maximal 31% des Sonnenlichts in elektrischen Strom umgewandelt werden, wenn die Bandlücke des Absorbers 1,3 eV beträgt. Eine Architektur, die höhere Wirkungsgrade ermöglicht, findet in sogenannten Multispektral-Solarzellen Einsatz, bei denen mehrere Absorberschichten unterschiedlicher Bandlücke in einem Bauteil kombiniert werden. Dazu werden die Absorber so in Serie verschaltet, dass sie jeweils einen Teil des Sonnenspektrums absorbieren und in möglichst gleich große Photoströme umwandeln. Die bislang höchsten erzielten Wirkungsgrade von 37,7% (unter Bestrahlung von $1000\,\mathrm{W/m^2}$) erzielen Tripelsolarzellen mit hochkristallinen, durch metallorganische chemische Gasphasenabscheidung hergestellten Absorbern [10].

Solche Multispektral-Zellen ermöglichen eine insgesamt verbesserte Ausnutzung des solaren Spektrums, wie in Abbildung 2.8 dargestellt ist. So wird das Absorbermaterial Indium-Gallium-Phosphid (InGaP) mit der größten Bandlücke auf der sonnenzugewandten Seite verwendet, wodurch hochenergetische Photonen in dieser Schicht absorbiert werden. Niederenergetische Lichtstrahlen können diese Schicht passieren und werden entsprechend in der Galliumarsenid-Schicht (GaAs) in freie Ladungsträger umgewandelt. Alle übrigen Photonen, deren Energie niedriger als die Bandlücke von GaAs ist, gelangen schließlich in die Indium-Gallium-Arsenid-Schicht (InGaAs). Aufgrund der kostspieligen Herstellungsprozesse werden diese Solarzellen vorwiegend im Weltraum eingesetzt, wo der zur Verfügung stehende Raum stark begrenzt ist. Auch in der Konzentratorpho-

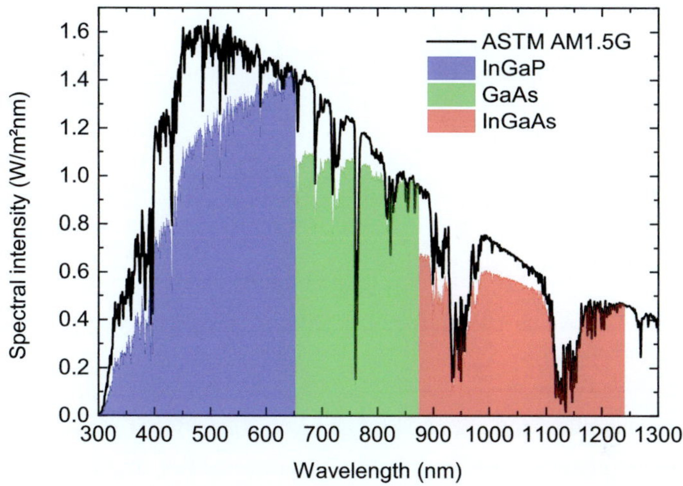

Abbildung 2.8: Sonnenspektrum (ASTM International G173-03 [22]) und die aufgrund der Shockley-Queisser-Limitierung maximal konvertierbare Lichtleistung innerhalb einer InGaP/GaAs/InGaAs-Tripelsolarzelle.

tovoltaik finden derartige Multispektral-Solarzellen Anwendung. Doch es gibt auch eine Reihe neuer Ansätze zur Kostenreduktion von Multispektral-Solarzellen. Tabelle 2.1 zeigt die technisch bereits realisierten Konzepte zur Kombination zweier Dünnschicht-Solarzellen zu sogenannten Tandemsolarzellen. In Solarzellen mit amorphem (a-Si) und mikrokristallinem (μc-Si) Silizium wurden beispielsweise bereits Wirkungsgrade von 12,3% demonstriert. Auch mehrere farbstoffsensibilisierte Solarzellen (DSSCs, engl. *dye sensitized solar cells*) konnten bereits mit großem Erfolg in einer Tandemsolarzelle vereint werden [52]. Daneben wurden durch die Kombination polymerer Absorber kürzlich 10,6% effiziente Tandemsolarzellen vorgestellt [53], wenngleich deren Herstellung eine größere technische Herausforderung darstellt. Neben Haftungs- und Benetzungsproblemen müssen zur Vermeidung der Ablösung unterer Schichten lösungsmittelresistente Funktionsschichten verwendet werden. Daneben berichtete erst Anfang des Jahres 2013 die Firma Heliatek von der Herstellung organischer

Subzellen	U_{OC} (V)	j_{SC} (mA/cm^2)	FF (%)	η (%)
a-Si / μc-Si [10]	1,37	12,93	69,4	12,3
a-Si / Polymer [55]	1,39	5,02	49	3,48
a-Si / DSSC [56]	1,45	10,61	54	8,31
CIGS / DSSC [57]	1,22	13,9	72	12,2
DSSC / DSSC [52]	1,45	10,8	67	10,8
Polymer / Polymer [53]	1,53	9,8	69,2	10,6

Tabelle 2.1: Photovoltaische Kenngrößen diverser veröffentlichter Dünnschicht-Tandemsolarzellen.

Tandemsolarzellen mit einer Effizienz von 12% durch Koverdampfung niedermolekularer Systeme [9]. Abschätzungen über maximal mit organischen Tandemsolarzellen erzielbare Wirkungsgrade reichen dabei von 15% [54] bis hin zu 22% [49]. Vielversprechende Konzepte wurden dagegen auch durch Kombination anorganischer Dünnschichtsolarzellen mit Polymer-Solarzellen vorgestellt. Während die Wirkungsgrade von Solarzellen mit amorphem Silizium und organischen Halbleitern oder DSSCs nur Wirkungsgrade von 3,5% [55] bzw. 8,3% [56] aufweisen, konnten CIGS-Solarzellen bereits erfolgreich mit DSSCs kombiniert werden [57].

Jüngste Berechnungen zeigen, dass perspektivisch hocheffiziente Tandemsolarzellen aus CIGS-Solarzellen und organischen Absorbern hergestellt werden könnten, deren Wirkungsgrad $\eta = 23,4\%$ theoretisch höher als der von CIGS-Einzelsolarzellen wäre [58]. Diesen Simulationen wurden jedoch einerseits hypothetische, hocheffiziente organische Absorber zugrunde gelegt, während andererseits noch keine elektrisch umsetzbare Bauelementarchitektur vorgeschlagen werden konnte.

Bei der Herstellung der in Tabelle 2.1 vorgestellten Tandemsolarzellen wurden die einzelnen Subzellen monolithisch in Serien verschaltet. Bei dieser Zellkonfiguration, deren Banddiagramm schematisch in Abbildung 2.9a dargestellt ist, gelangen die in Absorber 1 generierten Löcher zum *Bottom*-Kontakt. Entsprechend werden die in Absorber 2 photogenerierten

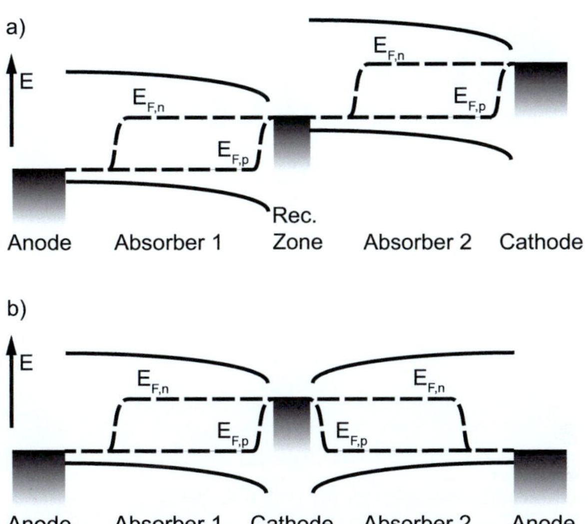

Abbildung 2.9: Banddiagramme bei offenen Klemmen von a) seriell verschalteten Tandemsolarzellen und b) parallel verschalteten Tandemsolarzellen.

Elektronen an der *Top*-Kathode gesammelt. Die zwischen den beiden Sub-zellen verwendete Rekombinationszone ermöglicht dabei die verlustfreie Rekombination von Elektronen aus Absorber 1 mit Löchern aus Absorber 2. Technisch wird diese Zone in der Regel durch den Einsatz hochdotierter Halbleiterschichten realisiert, wobei gegebenenfalls nanoskalige, edelme-tallische Inseln hoher Zustandsdichte hinzugefügt werden können [59]. In dieser seriellen Verschaltung addieren sich entsprechend die Leerlaufspan-nungen der Subzellen zur Gesamt-Leerlaufspannung $U_1 + U_2 = U_S$, wie in Abbildung 2.10 anhand einer schematischen j-U-Kurve dargestellt ist. Die Kurzschlussstromdichte $j_S \approx j_2$ wird dabei durch die Zelle beschränkt, die den niedrigeren Strom liefert [21]. Der limitierte Strom ist damit einerseits als Vorteil anzusehen, da die an Serienwiderständen dissipierte Leistung $P = I^2 \cdot R_S$ proportional zum Quadrat des Stromes ist. Andererseits muss bei der Auswahl der Absorbermaterialien darauf geachtet werden, dass die Ströme der Subzellen möglichst ähnlich sind um die Verluste durch die

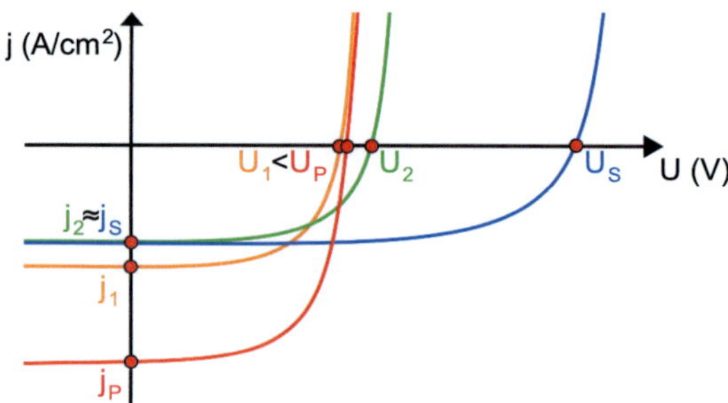

Abbildung 2.10: Stromdichte-Spannungs-Kennlinien zweier seriell bzw. parallel verschalteter Subzellen.

Strombegrenzung zu minimieren, was erhebliche Einschränkungen beim Design der Bauelement-Architektur mit sich bringt.

Unterscheiden sich die Ströme der Einzel-Zellen hingegen zu stark voneinander, so ist deren Parallel-Verschaltung sinnvoller [60, 61]. Dabei liegen der *Bottom*-Kontakt und der *Top*-Kontakt auf dem gleichen Potential und der Mittelkontakt wird als gemeinsame Gegenelektrode benutzt, wie in Abbildung 2.9b dargestellt ist. Entsprechend addieren sich bei dieser Konfiguration die Ströme der Subzellen, während die Leerlaufspannung $U_P = \frac{k_B T}{q} \ln\left(\frac{j_1 + j_2}{j_{1,d} + j_{2,d}} + 1\right)$ beträgt, wobei $j_{1,d}$ und $j_{2,d}$ die Dunkelströme der beiden Subzellen bezeichnen [21]. Damit ist bei dieser Architektur keine exakte Stromanpassung notwendig, jedoch wird durch den erhöhten Photostrom mehr Leistung an Serienwiderständen dissipiert. Als weiterer Nachteil der Parallel-Verschaltung kann angesehen werden, dass mit diesem Konzept die von Shockley und Queisser formulierte Wirkungsgradbegrenzung nicht überwunden werden kann. So kann die Effizienz einer Solarzelle nur dann gesteigert werden, wenn die parallel verschaltete zweite Solarzelle innerhalb ihres Absorptionsbereiches Photonen effizienter in elektrischen Strom umwandeln kann. Allerdings ist denkbar, dass dieses Konzept auf eine 4-Elektroden-Konfiguration erweitert wird und damit die Shockley-Queisser-Limitierung aufgehoben wird. Tandemsolarzellen in dieser Architektur wurden bislang vorwiegend durch Kombination farbstoffsensibilisierter oder organischer Solarzellen hergestellt, indem weitgehend komplementär absorbierende Halbleiter verwendet wurden. Die höchsten erzielten Wirkungsgrade bei der Verwendung organischer Absorber betragen 4,8% [62], während durch die Parallel-Verschaltung von DSSCs bereits 10,6% erzielt werden konnten [63].

3 Solarzellenpräparation

In diesem Kapitel wird zunächst das Reinraumlabor (Kap. 3.1) vorgestellt, in dem die in dieser Arbeit präsentierten Solarzellen hergestellt wurden. Danach werden die dabei verwendeten Präparationstechniken eingehend beschrieben. Darunter fallen vorwiegend Prozesse zur Abscheidung aus der Flüssigphase, wie das Aufschleudern (Kap. 3.2) und die Sprühbeschichtung (Kap. 3.3). In Unterkapitel 3.4 werden die Grundlagen der Lamination erläutert, bei der Halbleitermaterialien auf einen Stempel aufgeschleudert und nach der Trocknung auf das gewünschte Substrat transferiert werden. Die verwendeten Vakuum-basierten Depositionsprozesse umfassen die thermische Verdampfung (Kap. 3.5) sowie die Kathodenzerstäubung in Kap. 3.6. Schließlich werden die verwendeten Probengeometrien zur Herstellung von Solarzellen in Kap. 3.7 dargestellt.

3.1 Reinraumlabor

Da bereits mikroskopische Partikel ein nanoskaliges Bauteil beschädigen können, wurden die im Rahmen dieser Arbeit präparierten Solarzellen überwiegend in einem Reinraumlabor am Lichttechnischen Institut hergestellt und vorwiegend dort charakterisiert. Das Labor ist in verschiedene Bereiche aufgeteilt, die nach unterschiedlichen Reinraumklassen spezifiziert sind. Während in einem Bereich mit Reinraumklasse 100.000 beispielsweise die Substrate zugeschnitten und geätzt wurden, wurde die Reinigung der Substrate sowie die ambiente Deposition dünner Filme stets in einem Gelbraum der Klasse 1.000 durchgeführt um Verunreinigungen möglichst zu vermeiden. Da ein Großteil der verwendeten organischen

Halbleitermaterialien unter Feuchtigkeits- bzw. Sauerstoff-Exposition degradieren, wurden einige Lösungen in einer sogenannten *Glovebox* unter Stickstoffatmosphäre präpariert. In diesen gasdichten, mit Handschuhen bedienbaren Boxen können außerdem Materialien durch Flüssigprozesse oder thermisches Verdampfen aufgebracht werden. Auch eine Charakterisierung der Solarzellen anhand von Stromdichte-Spannungs-Kennlinien ist in einer *Glovebox* möglich. Für weitergehende Untersuchungen wurden Solarzellen unter inerten Bedingungen mit dem Zwei-Komponenten-Kleber Endfest 300 (Firma UHU) und einem Deckglasplättchen verkapselt.

3.2 Aufschleudern

Die im Labormaßstab immer noch gebräuchlichste lösungsbasierte Depositionstechnik stellt das sogenannte Aufschleudern (engl. *Spincoating*) dar. Bei dieser Methode wird das gelöste oder dispergierte Material auf das Substrat aufgebracht, welches anschließend in Rotation versetzt wird. Durch die dabei wirkenden Fliehkräfte wird der überwiegende Teil der Flüssigkeit vom Substrat geschleudert, während ein dünner Nassfilm zurückbleibt. Dieser Film trocknet und es bleibt eine dünne Schicht auf dem Substrat zurück, deren Dicke im Wesentlichen von der Konzentration des Halbleiters in der Flüssigkeit sowie der Umdrehungsgeschwindigkeit abhängt. Auf diese Weise können Schichtdicken von bis zu wenigen Nanometern realisiert werden. Da die Flüssigkeit konzentrisch vom Substrat weg geschleudert wird, eignet sich diese Abscheidungstechnik nur für kleinere Substrate mit Durchmessern von wenigen Zentimetern. Ein weiterer Nachteil des Aufschleuderns ist die zwingend erforderliche Verwendung orthogonaler Lösungsmittel für die Applikation aufeinander folgender Schichten. Dies bedeutet, dass auf einem bereits abgeschiedenen Film eines unpolaren Materials ohne weitere Maßnahmen keine weitere Schicht aus einem unpolaren Lösungsmittel aufgebracht werden kann. Dadurch wird die Herstellung von Mehrschichtsystemen deutlich erschwert. Ferner müssen bereits abgeschiedene Schichten oftmals dicht gegenüber Lösungsmitteln sein, da sonst bei der Auftragung weiterer Schichten untere Schichten angelöst werden können. Als weiterer Nachteil stellt sich die diffizile Abscheidung insbesondere polarer bzw. wasserbasierter Lösungen auf unpolaren Oberflächen dar. Deshalb müssen oftmals haftvermittelnde Additive hinzugegeben werden, die später in der Schicht zurückbleiben.

Die in dieser Arbeit vorgestellten aufgeschleuderten Schichten wurden vorwiegend in einer *Glovebox* mit einem *Spincoater* RC5 (Firma Suss Microtec) aufgebracht. Unter ambienten Bedingungen stand ein Modell M-Spin 150/200 (Firma Ramgraber) zur Verfügung.

3.3 Sprühbeschichtung

Im Rahmen dieser Arbeit wurde auch die Deposition transparenter Elektroden mittels Sprühbeschichtung erforscht.[1] Bei diesem Verfahren wird die zu applizierende Flüssigkeit über ein Schlauchsystem zu einer Düse geführt. Über einen Ultraschallgenerator wird die Flüssigkeit in einen Nebel zerstäubt, der von einem Gasstrahl eingehüllt und fokussiert wird, wie in Abbildung 3.1 schematisch dargestellt ist. Als wesentliche Parameter lassen sich die Flussrate der Lösung, die Ultraschallfrequenz der Düse, sowie der Luftdruck, mit dem der Strahl auf das Substrat fokussiert wird, einstellen. Um eine homogene Abscheidung zu ermöglichen, müssen diese Parameter experimentell sehr genau aufeinander abgestimmt werden. Das in dieser Arbeit verwendete *Spraycoater*-System ExactaCoat (Firma Sono-Tek) verfügt über eine Düse, die sich vertikal und horizontal über kurze Distanzen positionieren lässt. Die aufgesprühten Schichten wurden jedoch stets unter statischen Bedingungen abgeschieden. Prinzipiell können mit dieser Technik, eine entsprechend automatisiert positionierbare Düse vorausge-

---

[1]Die Experimente zur Sprühbeschichtung wurden im Bio21-Institut der *University of Melbourne* in Australien durchgeführt.

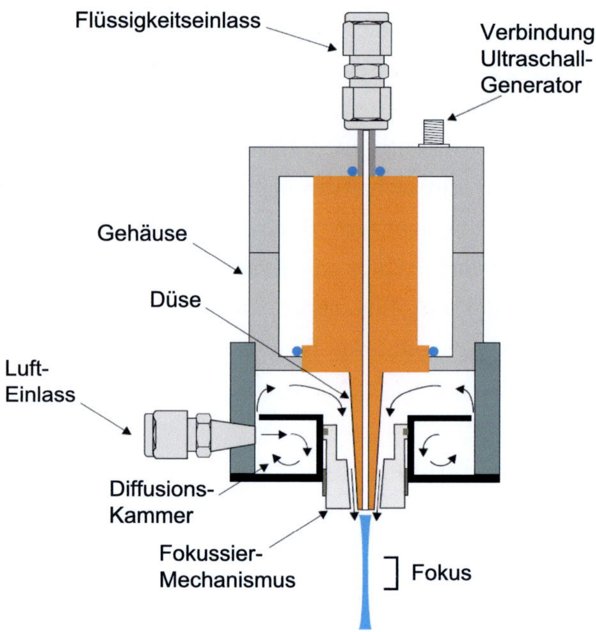

Abbildung 3.1: Schematische Zeichnung des Sprühkopfes des verwendeten Spray-coaters (nach [64]).

setzt, auch sehr große Flächen oder *In-Line*-Prozesse durchgeführt werden.

3.4 Lamination

Um die bereits genannten Probleme bei der Abscheidung dünner Filme aus der Flüssigphase zu umgehen, wurde in dieser Arbeit das Verfahren der Lamination angewendet, das schematisch in Abbildung 3.2 skizziert ist. Dabei wird zunächst ein elastisches Transfer-Substrat hergestellt, auf das anschließend funktionale Schichten beispielsweise über Nassprozesse abgeschieden werden können. Durch Anwendung von Druck und Hitze können die Schichten so auf ein beliebiges anderes Substrat übertragen werden.

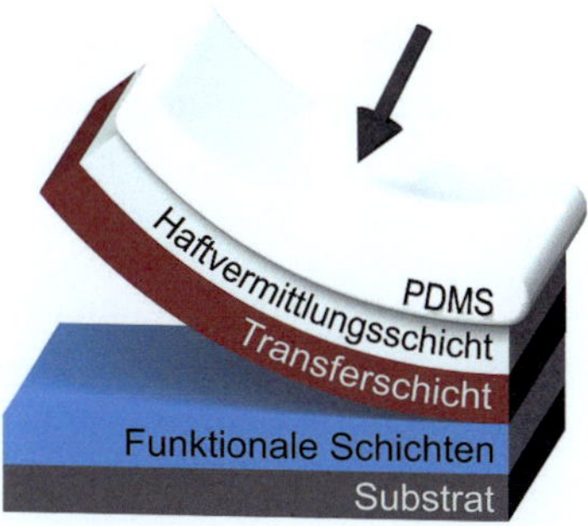

Abbildung 3.2: Schematische Skizze des Laminationsprozesses, bei dem die zu transferierende Schicht auf ein PDMS-Substrat aufgebracht wird. Durch Druck und Wärme kann die Schicht dann auf andere Substrate bzw. Schichten transferiert werden.

In dieser Arbeit wurde das Silkon Polydimethylsiloxan (PDMS) als elastisches Substrat verwendet. Zur Herstellung wurden das Oligomer Silgard 184A (Firma Dow Corning) und ein Härter im Gewichtsverhältnis 10:1 vermengt, wobei Lufteinschlüsse entstehen, die in einem Exsikkator entfernt wurden. Das Gemisch wurde dann in Aluminiumformen gegossen, in die zuvor gereinigte Glasplättchen gelegt wurden. Dadurch wurde sichergestellt, dass die Elastomer-Substrate eine ebene Oberfläche aufweisen. Nach dem Aushärten bei 80 °C für 3 Stunden wurden die Stempel-Substrate entnommen und die Glasplättchen entfernt.

3.5 Vakuum-Sublimation

Zur thermischen Verdampfung wurde eine Hochvakuum-Aufdampfanlage Spectros (Firma Kurt J. Lesker) verwendet. Das System umfasst vier Quellen für die Vakuumsublimation organischer (niedermolekularer) Systeme sowie zwei stromgeregelte Widerstandsverdampfer für die Abscheidung von Metallen und Dielektrika. Zur Deposition werden die Substrate in einen Halter geklebt und ggf. mit einer Schattenmaske bedeckt. Sie werden dann nach unten weisend in den Rezipienten eingebaut und bei einem Druck von typischerweise $1 \cdot 10^{-6}$ mbar bedampft. Zur Kontrolle der Schichtdicke werden Schwingquarze eingesetzt, aus deren Eigenfrequenz sowie material- und geometriespezifischen Größen die Schichtdicke *in situ* bestimmt werden kann.

Dieses Verfahren hat gegenüber der Abscheidung aus der Flüssigphase den Vorteil, dass Schichten beliebiger Dicke und Polarität übereinander aufgebracht werden können. Es können hiermit jedoch keine Polymere abgeschieden werden, da sich diese bei hohen Temperaturen zersetzen.

3.6 Kathodenzerstäubung

Bei der Kathodenzerstäubung (engl. *Sputtering*) wird ein Festkörper mit energiereichen Edelgasionen beschossen, woraufhin das Material in die Gasphase übergeht und sich auf dem Substrat niederschlagen kann. Mit diesem Verfahren wurde im Rahmen dieser Arbeit das transparente, leitfähige ZnO:Al in dem *Cluster*-System CS 730 S (Firma von Ardenne Anlagentechnik) am ZSW hergestellt. Bei der Zerstäubung wird das Material mit hoher kinetischer Energie auf dem Substrat deponiert und kann daher die darunter liegende Schicht gegebenenfalls beschädigen. Da die Kathodenzerstäubung bereits bei Feinvakuum durchgeführt werden kann, stellt sie einen industriell häufig verwendeten Prozess dar.

3.7 Probengeometrie

Die im Rahmen dieser Arbeit präparierten Solarzellen wurden weitgehend auf 1 mm dicken Floatglas-Substraten hergestellt, die auf eine Größe von $16 \times 16\,\text{mm}^2$ mit einem Glasschneider Silberschnitt 2000 (Firma Bohle) zugeschnitten wurden. Solarzellen mit Elektroden aus dem leitfähigen Indium-Zinn-Oxid (ITO) wurden auf 1,1 mm dicken Glassubstraten abgeschieden. Die Probengeometrie ist schematisch in Abbildung 3.3 für Solarzellen mit metallischen bzw. mit transparenten *Top*-Kontakten dargestellt.

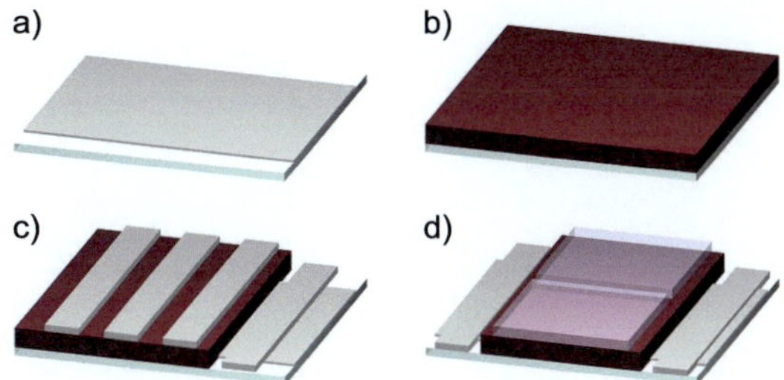

Abbildung 3.3: Probengeometrien der in dieser Arbeit hergestellten Solarzellen. a) Strukturierung des *Bottom*-Kontaktes. b) Deposition funktionaler Schichten. c) Sublimation metallischer *Top*-Kontakte. d) Strukturierung transparenter *Front*-Kontakte.

Als transparenter *Bottom*-Kontakt für organische Solarzellen wurde ITO mit einem Flächenwiderstand von $13\,\Omega/\square$ verwendet. Dieses wurde durch Ätzen auf eine Fläche von $16 \times 12\,\text{mm}^2$ reduziert, wie in Abbildung 3.3a gezeigt ist. Danach wurden die Substrate für jeweils 15 min im Ultraschallbad zunächst in Aceton und dann in Isopropanol gereinigt. Die gleiche Fläche wurde auch bei Solarzellen mit CIGS-Absorberschichten verwendet, indem ein ca. 500 nm dicker Molybdän-*Bottom*-Kontakt durch eine Schattenmaske mittels Kathodenzerstäubung aufgebracht wurde. Nach der folgenden Deposition der funktionalen Schichten (Abbildung 3.3b) wurden die *Top*-Kontakte abgeschieden. Bei der Verwendung von Metallkontakten wurden vier 2 mm breite Streifen durch thermisches Verdampfen appliziert, wie in Abbildung 3.3c dargestellt ist. Zur Kontaktierung der ITO-Elektrode wurde diese unterhalb des rechten Streifens vor der Metall-Deposition mechanisch freigelegt. Bei dieser Probengeometrie befinden sich je drei Solarzellen mit einer aktiven Fläche von $24\,\text{mm}^2$ auf jedem Substrat.
Um den Einfluss von Randeffekten zu vermindern und um möglichst geringe Flächenwiderstände zu erzielen, wurden transparente *Top*-Kontakte - wenn nicht anders angegeben - mit einer Breite von 8 mm ausgeführt (Abbildung 3.3d). Indem dieser Streifen mechanisch durchtrennt wird, können zwei Solarzellen mit einer Fläche von je $48\,\text{mm}^2$ hergestellt werden.

4 Charakterisierungsmethoden

In diesem Kapitel werden die Grundlagen der im Rahmen dieser Arbeit angewandten Charakterisierungsmethoden vorgestellt. Alle wesentlichen photovoltaischen Kenngrößen der Solarzellen, vor allem deren elektrischer Wirkungsgrad, können durch Beleuchtung mit einem Solarsimulator bei gleichzeitiger Aufnahme der Strom-Spannungs-Kennlinien (Kap. 4.1) ermittelt werden. Ferner wurden bei bestimmten Bauelementarchitekturen die Photoströme ortsaufgelöst (Kap. 4.2) bzw. wellenlängenabhängig (Kap. 4.3) gemessen. Zur Bestimmung der Ladungsträgerlebensdauern wurden impedanzspektroskopische Messungen (Kap. 4.4) durchgeführt.

Wichtige Kriterien für die Auswahl transparenter Elektroden stellen deren Transparenz (Kap. 4.5) und deren Leitfähigkeit (Kap. 4.7) dar, für deren Berechnung die Messung der Schichtdicke (Kap. 4.6) durchgeführt werden muss. Um Aussagen über das Benetzungsverhalten dünner Filme treffen zu können, wurden Oberflächenenergien über die Messung von Kontaktwinkeln ermittelt, wie in Kap. 4.8 dargestellt wird. Überdies wurden bildgebende Verfahren wie die Lichtmikroskopie (Kap. 4.9), Rasterelektronenmikroskopie (Kap. 4.10), sowie Rasterkraftmikroskopie (Kap. 4.11) angewendet.

4.1 Messung von Stromdichte-Spannungs-Kennlinien

Die wichtigsten Kenngrößen einer Solarzelle lassen sich (vgl. Unterkapitel 2.1) anhand von Stromdichte-Spannungs-Kennlinien unter Beleuchtung ermitteln. Dazu wurden die Bauteile mittels einer Klemme kontaktiert und die gewünschten Spannungswerte von einer Software-gesteuerten *Source-Measurement-Unit 238* (Firma Keithley) eingeprägt, die simultan den Stromfluss registrieren kann. Zur Bestrahlung wurde ein spektral über-wachter Oriel 300 W Solarsimulator (Firma Newport) verwendet, dessen Emissionsspektrum dem Sonnenspektrum möglichst nahe kommt. Bei be-kannter Zellfläche können damit die Kurzschlussstromdichte j_{SC}, die Leer-laufspannung U_{OC}, der Füllfaktor FF, sowie die Effizienz η der Solarzelle bestimmt werden. Um auf Rekombinationsprozesse zu schließen, wurden die j-U-Kennlinien ferner ohne Beleuchtung aufgenommen. Dabei wurden sämtliche Kennlinien unter inerten Bedingungen aufgezeichnet um mögli-che Einflüsse von Sauerstoff oder Feuchtigkeit auszuschließen.

4.2 Ortsaufgelöste Photostrommessung

Die ortsaufgelöste Messung des Photostroms (LBIC, engl. *light beam in-duced current*) kann Aufschlüsse über laterale Inhomogenitäten und deren Beiträge zum Photostrom einer Solarzelle geben. Bei dieser Messmethode wird ein Laserstrahl der Wellenlänge $\lambda = 532\,\mathrm{nm}$ durch ein invertiertes op-tisches Mikroskop mit einem 40x-Objektiv und einer numerischen Apertur von 0,6 auf die darunter befindliche Probe geleitet, die mit einem Schritt-motor lateral verschoben werden kann. Die lokal induzierten Photoströme können mit Hilfe eines *Lock-In*-Verstärkers detektiert und jedem Pixel zu-geordnet werden.

4.3 Messung der externen Quanteneffizienz

Der über die Beleuchtung mit einem Solarsimulator ermittelte Photostrom gibt keinen Aufschluss über die Strombeiträge bei einzelnen Wellenlängen. Um eine spektrale, d.h. wellenlängenabhängige Analyse des Photostroms durchzuführen, wird die externe Quanteneffizienz gemessen, die wichtige Rückschlüsse über die Absorptions- und Transporteigenschaften der So-larzelle erlaubt. Sie beschreibt prinzipiell das Verhältnis zwischen der An-zahl der auftreffenden Photonen einer bestimmten Wellenlänge und der Anzahl extrahierter, photogenerierter Ladungsträger. Bei der Messung werden mittels eines Gittermonochromators einzelne Wellenlängen einer Xenon-Lichtquelle selektiert und auf die Probe geführt. Der monochromatische Strahl wird dabei mittels einer rotierenden Lochscheibe zerteilt und die Signale durch *Lock-In*-Technik ausgewertet. Letztendlich kann durch die Integration der externen Quanteneffizienz EQE auf die Kurzschlussstromdichte j_{SC} der Solarzelle geschlossen werden:

$$j_{SC} = \frac{e}{h \cdot c_0} \int EQE(\lambda) \cdot E_{\lambda,AM1.5}(\lambda) \cdot \lambda d\lambda \tag{4.1}$$

Dabei sind h das Plank'sche Wirkungsquantum, c_0 die Lichtgeschwindigkeit und $E_{\lambda,AM1.5}$ die spektrale Bestrahlungsstärke.

Die Messung der Quanteneffizienz von Tandemsolarzellen bzw. deren Subzellen stellt sich hingegen als komplizierter dar. Da die eintreffenden monochromatischen Photonen meist nur von einer der beiden Subzellen absorbiert werden, wird die andere Subzelle dunkel betrieben und sperrt damit den Gesamtstrom. Abhilfe schafft hier eine geeignete Hintergrundbeleuchtung der Tandemsolarzelle mit monochromatischem Licht, das die nicht zu messende Zelle durchschaltet. Da diese Solarzelle dann in einem Arbeitspunkt nahe ihrer Leerlaufspannung betrieben wird, muss eine externe Spannung zur Kompensation angelegt werden. Eine eingehende Darstellung des Messvorgangs wird in Referenz [65] beschrieben. Mit Hilfe von Gleichung 4.1 können damit die Kurzschlussstromdichten der beiden Subzellen bestimmt werden.

4.4 Impedanzspektroskopie

Die Impedanzspektroskopie beschreibt ein zerstörungsfreies Verfahren, bei dem die elektrischen Eigenschaften und Transportmechanismen eines Bauteils frequenzabhängig in einem Quasi-Gleichgewichtszustand bestimmt werden können. Dazu wird durch einen Potentiostaten eine äußere Spannung angelegt, durch die die Zelle in einem bestimmten Arbeitspunkt betrieben wird. Der angelegten Gleichspannung wird zusätzlich eine Wechselspannung aufgeprägt, deren Frequenz variiert wird. Die Amplitude dieser Wechselspannung sollte möglichst gering sein um eine lineare Antwort des Systems zu gewährleisten, sie darf jedoch nicht zu gering sein um ein gutes Signal-Rausch-Verhältnis zu ermöglichen. Im Rahmen dieser Arbeit wurde ein Dielectric Analyzer Alpha-H (Firma Novocontrol) am Institut für Werkstoffe der Elektrotechnik verwendet. Die Amplitude der Wechselspannung wurde auf 0.1 V festgesetzt und die Frequenz wurde in jedem Arbeitspunkt zwischen 10 Hz und 10 MHz variiert. Zur Auswertung und Modellierung der gemessenen Spektren wurde die kommerzielle Software ZView (Firma Scribner Associates) verwendet.

4.5 Spektralphotometrie

Mittels eines Spektrophotometers können optische Eigenschaften wie die Transparenz, Absorptivität und Reflektivität einer Schicht gemessen werden. Zur Messung der Transparenz wird der Lichtstrahl durch die Probe geführt und detektiert. Um die Charakteristik der Lichtquelle, des Monochromators und die Empfindlichkeit des Detektors herauszurechnen, muss das gemessene Signal auf eine Vergleichsmessung normiert werden, bei der sich keine Probe im Strahlengang befindet. Im Rahmen dieser Arbeit wurde ein Zwei-Strahl-Spektrophotometer Lambda 1050 (Firma Perkin Elmer) verwendet, das mit einer Ulbricht-Kugel ausgestattet ist, sodass sowohl direktes als auch gestreutes Licht detektiert werden kann.

4.6 Taktile Profilometrie

Zur Bestimmung von Schichtdicken wurde das taktile Profilometer Dektak XT (Firma Bruker) verwendet. Vor der Messung wird die zu untersuchende Schicht zunächst lokal mechanisch entfernt. Die Messspitze wird dann mit einem definierten Druck über die Kante geführt. Das so aufgezeichnete Linienprofil kann per Software analysiert und aus der Höhendifferenz die Schichtdicke ermittelt werden.

4.7 Bestimmung der Leitfähigkeit

Um die Leitfähigkeit einer dünnen Schicht zu bestimmen, wird deren Schichtdicke (Kap. 4.6) sowie deren Flächenwiderstand $R_\square$ benötigt. Dieser kann an gegenüberliegenden Seiten einer Schicht der Dicke d gemessen werden und ist flächenunabhängig, sofern Breite w und Länge ℓ der Schicht übereinstimmen:

$$R = \frac{\rho \cdot \ell}{d \cdot w} = \frac{\rho}{d} \equiv R_\square \tag{4.2}$$

Dabei bezeichnet ρ den spezifischen Widerstand des Materials. Als Einheit des Flächenwiderstandes $R_\square$ wird $\Omega/\square$ verwendet.

Damit kann die laterale Leitfähigkeit σ einer Schicht wie folgt berechnet werden:

$$\sigma = \frac{1}{\rho} = \frac{1}{R_\square \cdot d} \tag{4.3}$$

Neben deren Transparenz stellt die Leitfähigkeit ein entscheidendes Merkmal dünner Filme hinsichtlich deren Verwendung als transparente Elektrode dar.

4.8 Kontaktwinkelmessungen

Bei der Abscheidung aus der Flüssigphase spielen Benetzungseigenschaften eine wichtige Rolle. So benetzen beispielsweise unpolare Lösungsmittel in der Regel sehr schlecht auf unpolaren Oberflächen. Zur quantitativen Analyse der energetischen Wechselwirkung zwischen einer Flüssigkeit und einem Festkörper führt man deshalb den Kontaktwinkel θ_C ein, der den Winkel bezeichnet, den die Tangente an den Tropfen im Dreiphasenpunkt mit der Festkörperoberfläche einschließt (Abbildung 4.1). Je größer die

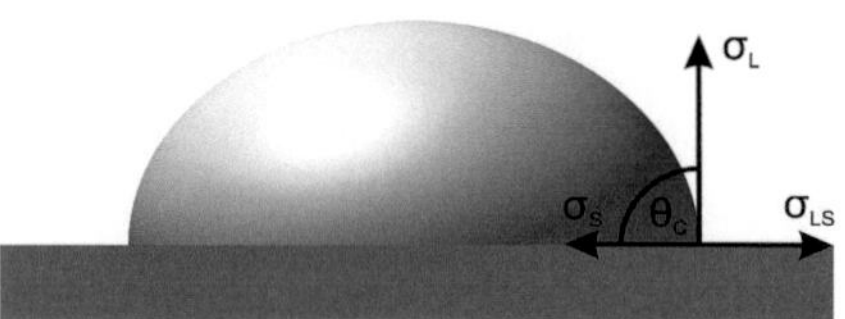

Abbildung 4.1: Definition des Kontaktwinkels θ_C zwischen einer Flüssigkeit und einer Festkörperoberfläche.

Wechselwirkung zwischen der Flüssigkeit und der Festkörperoberfläche ist, desto kleiner ist der Kontaktwinkel und desto besser ist folglich die Benetzung. Experimentell kann dieser Winkel durch eine Makro-Photographie des Tropfens und eine anschließende softwaregestützte Auswertung erfolgen.

Von praktischem Interesse ist oftmals die Oberflächenenergie γ_S eines Festkörpers, die ein Maß darstellt, wie gut sich folgende Schichten abscheiden lassen. Die mathematische Verknüpfung der Oberflächenenergie γ_S des Festkörpers mit dem Kontaktwinkel, der Oberflächenspannung γ_L der Flüssigkeit und der Grenzflächenenergie γ_{LS} zwischen Flüssigkeit und Festkörper wird durch die Young'sche Gleichung [66] beschrieben:

$$\cos \theta_C = \frac{\gamma_S - \gamma_{LS}}{\gamma_L} \tag{4.4}$$

Um die Oberflächenenergie γ_S eines Materials zu ermitteln, muss demnach der Kontaktwinkel θ_C gemessen werden. Während die Oberflächenspannung γ_L einer Testflüssigkeit in der Regel bekannt ist, ist die Grenzflächenenergie γ_{LS} nicht direkt bestimmbar. Eine gängige Methode zur Lösung des Problems stellt der Ansatz von Owens, Wendt, Rabel und Kälble dar [67]. So werden zwischen dispersen bzw. unpolaren Wechselwirkungen und polaren Wechselwirkungen durch ständige und induzierte Dipole unterschieden:

$$\gamma_L = \gamma_L^P + \gamma_L^D$$

$$\gamma_S = \gamma_S^P + \gamma_S^D$$

Man geht dann davon aus, dass nur gleichartige Anteile miteinander wechselwirken und so erhält man letztendlich mit diesem Ansatz eine Geradengleichung der Form:

$$\frac{1 + \cos\theta_C}{2} \cdot \frac{\gamma_L}{\sqrt{\gamma_L^D}} = \sqrt{\gamma_S^P}\sqrt{\frac{\gamma_L^P}{\gamma_L^D}} + \sqrt{\gamma_S^D} \tag{4.5}$$

Verwendet man mehrere Testflüssigkeiten, so kann eine Gerade angenähert und aus deren Steigung γ_S^P und aus derem Achsenabschnitt γ_S^D ermittelt werden. Im Rahmen dieser Arbeit wurden stets die drei Testflüssigkeiten Wasser, Dimethylsulfoxid und Glycerin verwendet, deren dispersen und polaren Oberflächenspannungen in Tabelle 4.1 zusammengefasst sind.

Flüssigkeit	γ_L^P	γ_L^D
Wasser	51,0	21,8
Dimethylsulfoxid	8,7	34,9
Glycerin	26,4	37,0

Tabelle 4.1: Oberflächenspannungen der bei Kontaktwinkelmessungen verwendeten Testflüssigkeiten [68].

4.9 Auflichtmikroskopie

Zur raschen Darstellung mikroskopischer Strukturen wurde im Rahmen dieser Arbeit ein Auflichtmikroskop Axioplan 2 (Firma Zeiss) verwendet. Bei diesem Mikroskopaufbau wird das Licht von oben durch ein Blendensystem auf die Probe fokussiert, wo es reflektiert und schließlich durch das Okular vom Betrachter bzw. einer Kamera detektiert wird. Die Auflösung des Mikroskops wird im Wesentlichen durch die Wellenlänge des verwendeten Lichts sowie durch die numerische Apertur des Systems limitiert und liegt typischerweise im Bereich von einem Mikrometer.

4.10 Rasterelektronenmikroskopie

Da bei der Lichtmikroskopie die laterale Auflösung des Bildes durch die Wellenlänge des Lichts beschränkt ist, wurde zur Darstellung leitfähiger, nanoskaliger Strukturen ein Rasterelektronenmikroskop (REM) Supra 55 VP (Firma Zeiss) verwendet. Bei diesem Gerät wird ein niederenergetischer Elektronenstrahl zeilenweise über die Probe gerastert, wodurch Sekundärelektronen aus der oberflächennahen Schicht herausgelöst werden, über deren Anzahl jedem Messpunkt ein Grauwert zugeordnet werden kann. Zur Detektion dieser Sekundärelektronen wurde ein *Inlens*-Detektor verwendet, der ringförmig oberhalb des abzubildenden Objekts innerhalb der Säule angebracht ist. Da die Eindringtiefe der Elektronen typischerweise nur wenige Nanometer beträgt, lässt sich mit einem REM die Topografie sehr detailgetreu darstellen. Die Auflösung des Bildes wird nur durch den Strahldurchmesser begrenzt und beträgt in der Regel wenige Nanometer. Um auch Querschnitte von Solarzellen abbilden zu können, wurden diese mit flüssigem Stickstoff gekühlt und gebrochen. Die Bruchkanten wurden zumeist unter einem Winkel von 70° betrachtet, wobei Beschleunigungsspannungen von 4 kV und Arbeitsabstände von ca. 4 mm gewählt wurden.

4.11 Rasterkraftmikroskopie

Eine alternative Methode zur Darstellung nanoskaliger Strukturen und Schichten stellt die Rasterkraftmikroskopie (AFM, engl. *atomic force microscopy*) dar. Bei diesem Verfahren wird eine an einer Blattfeder befestigte nanoskopische Nadel zeilenweise über die zu messende Oberfläche geführt. Bei Unebenheiten erfährt die Blattfeder Auslenkungen, die über optische Verfahren detektiert und in ein zweidimensionales Bild überführt werden können. Die Auflösung wird bei dieser Mikroskopiemethode durch die Krümmung der Spitze limitiert und liegt typischerweise im Bereich von wenigen Nanometern. Aus den topografischen Darstellungen kann unter anderem die Rauheit der Probenoberfläche ermittelt werden.

Im Rahmen dieser Arbeit wurde ein NanoWizard 2 (Firma JPK Instruments) im sogenannten intermittierenden Modus verwendet, bei dem die Messnadel Schwingungen fester Frequenz vollzieht, die durch die atomaren Wechselwirkungen mit der Probenoberfläche gestört und detektiert werden. Als Messsignale werden dabei zunächst die Schwingungsamplitude und Phase aufgezeichnet, deren Darstellung für bestimmt Zwecke wie etwa zur Detektion eines Materialkontrastes sinnvoll sein können. Für eine quantitative Auswertung von Höhendifferenzen oder Rauheiten ist jedoch nur die Darstellung der Topografie relevant.

5 Elektrodenkonzepte für effiziente Polymersolarzellen

In diesem Kapitel werden hybride Elektrodenkonzepte für flüssig prozessierte Polymersolarzellen vorgestellt, die auch als Ausgangsbasis für die Herstellung hybrider Tandemsolarzellen dienen. Zunächst wird in Abschnitt 5.1 evaluiert, inwieweit organische Solarzellen durch eine entsprechende nachträgliche Behandlung der Elektrode auch ohne elektrische Anpassungsschichten hergestellt werden können. So wird durch die UV-A-Bestrahlung der transparenten Elektrode ein Verfahren vorgestellt um deren Austrittsarbeit signifikant zu senken, wodurch invertierte organische Solarzellen ohne n-dotierte Transportschicht hergestellt werden können. In Unterkapitel 5.2 wird ein hybrides Konzept zur Herstellung aufgerauter, transparenter Bottom-Kontakte aus der Flüssigphase für effiziente invertierte Solarzellen präsentiert. Das dazu verwendete hochleitfähige Polymergemisch kann dabei gleichermaßen als Bottom- oder Top-Kontakt eingesetzt werden, wie in den darauffolgenden Unterkapiteln beschrieben wird. So wird in Abschnitt 5.3 die Möglichkeit untersucht, das auf der Absorberschicht stark entnetzende Elektrodenmaterial durch eine geeignete mehrstufige Sprühbeschichtung aufzutragen. Schließlich wird ein hybrides Elektrodensystem in Unterkapitel 5.4 vorgestellt, das durch einfache Flüssigprozessierung aufgetragen werden kann und die Herstellung hocheffizienter semitransparenter Polymersolarzellen ermöglicht.[1]

---

[1]Die hier präsentierten Ergebnisse wurden in Teilen bereits in den Referenzen [69–71] publiziert.

5.1 UV-Behandlung von Metalloxid-Elektroden

Transparente, leitfähige Oxide (TCO, engl. *transparent conductive oxide*) wie Indium-Zinn-Oxid (In_2O_3:SnO_2, ITO) weisen oftmals eine Austrittsarbeit auf, die für eine verlustfreie Extraktion photogenerierter Ladungsträger ungeeignet ist, sodass zusätzliche dotierte Transportschichten eingesetzt werden müssen. In diesem Abschnitt wird daher der Versuch unternommen, ITO durch die Bestrahlung mit kurzwelligem UV-A-Licht gezielt zu modifizieren, sodass die Austrittsarbeit des Halbleiters gesenkt wird. Dies ermöglicht die Herstellung von Polymersolarzellen ohne kathodenseitige Anpassungsschicht.

Stand der Technik

ITO ist das für optoelektronische Anwendungen am häufigsten genutzte TCO, da es eine hohe Transparenz bei zugleich guter Leitfähigkeit aufweist. Die Austrittsarbeit des hochdotierten Materials variiert je nach Stöchiometrie bzw. Hersteller und beträgt ca. 4,5 bis 4,7 eV [72, 73]. Damit eignet es sich nicht ohne Weiteres zur Herstellung effizienter Polymersolarzellen, da in der Regel für eine effiziente Lochextraktion höhere bzw. für eine effiziente Elektronenextraktion niedrigere Austrittsarbeiten notwendig sind. Wird der ITO-*Bottom*-Kontakt als Anode in der Standard-Architektur verwendet, so wird in der Regel eine Anpassungsschicht hoher Austrittsarbeit zwischen ITO und die aktive Schicht eingefügt [74]. Entsprechend wird eine n-dotierte Schicht niedriger Austrittsarbeit eingefügt, wenn der ITO-*Bottom*-Kontakt als Kathode in der invertierten Architektur verwendet wird. Um ITO jedoch auch ohne Anpassungsschichten als Elektrode verwenden zu können, ist eine entsprechende Modifikation der Austrittsarbeit notwendig. So gelang es, die Austrittsarbeit von ITO durch Behandlung mit Sauerstoff- oder Argon-Plasma [72, 73], UV-induziertem Ozon [75], chlorierten Lösungsmitteln [76, 77] oder Säuren [78–80] zu erhöhen oder durch Behandlung mit Basen [78] oder Edelgasionen [81] zu senken. Auch mechanisches Reiben mit Papier oder Teflon wurde vorgeschlagen, wodurch eine Absenkung der Austrittsarbeit um 0,3 eV erzielt wurde [72]. Sämtliche Methoden eint jedoch, dass sie vor der Deposition der ersten funktionalen Schicht angewendet werden müssen und keine nachträgliche, kontaktfreie Modifikation der Austrittsarbeit erlauben. Eine Alternative stellt möglicherweise eine Behandlung mit UV-Licht dar. Die Bestrahlung von Solarzellen mit Titanoxid-Zwischenschichten etwa wird häufig angewendet um die Leitfähigkeit und die Position des Leitungsbandminimums des Metalloxids zu erhöhen [82, 83].

In Rahmen dieser Arbeit wird daher die Behandlung von ITO durch kurzwelliges UV-A-Licht untersucht. Um den Einfluss der Behandlung zu erforschen, wird auf Ladungstransportschichten zwischen der ITO-Elektrode und der aktiven Schicht verzichtet. So spiegeln sich sämtliche Modifikationen der Austrittsarbeit in einer entsprechenden Änderung der Leerlaufspannung der Solarzelle wieder.

Herstellung der Solarzellen

Zunächst wurde ITO-beschichtetes Glas strukturiert und mit Aceton sowie Isopropanol im Ultraschallbad für jeweils 15 min gereinigt. Danach wurde die Absorberschicht aus einem Gemisch aus dem Donator Poly(3-Hexylthiophen-2,5-diyl) (P3HT) und dem Fulleren-Akzeptor [6,6]-Phenyl-C_{61}-Butylsäure Methylester (PCBM) (Gewichtsverhältnis 1:0,9, 40 g/L in Dichlorbenzol) bei 1000 UPM für 20 s aufgeschleudert und anschließend unter Petrischalen getrocknet. Zur Herstellung von invertierten Polymersolarzellen wurde eine Schicht des Lochleiters Poly(3,4-Ethylenedioxythiophen):Polystyrolsulfonat (PEDOT:PSS) aufgetragen, dem 8 vol% eines haftvermittelnden Additivs (20 g/L Dynol 604 und 20 g/L Byk333 in Isopropanol) beigefügt wurden, das im Weiteren als B20 bezeichnet wird. Bei Solarzellen in der Standard-Architektur wurden keine weiteren Transportschichten verwendet. Für die Herstellung von invertierten Referenzsolarzellen mit ZnO-Schichten wurde der Präkursor Zinkacetylacetonat-Hydrat (Akronym ZAAH, Firma Alfa Aesar) in Ethanol gelöst (20 g/L). Die gefilterte, 70 °C warme Lösung wurde dann unter ambienten Bedingungen auf die drehenden, zuvor auf 120 °C aufgeheizten Substrate geschleudert. Die Umsetzung der Präkursor-Schicht wurde an Luft bei einer Temperatur von 120 °C für 30 s durchgeführt [84]. Als metallische *Top*-Kontakte wurde für beide Solarzellenarchitekturen 200 nm Aluminium verwendet, das im Hochvakuum thermisch verdampft wurde. Für die Anregung mit UV-A-Licht wurde eine 9 W-Lampe PL-S 9W/08/2P von Philips verwendet, deren Emissionsspektrum mit einem Spectro 320D Spektrometer (Firma Instrument Systems) gemessen wurde.

Ergebnisse und Diskussion

Um einen Einfluss der UV-Bestrahlung auf das photovoltaische Verhalten von Polymersolarzellen zu untersuchen, wurden zunächst Solarzellen in der Architektur ITO/P3HT:PCBM/Al untersucht, in denen ITO als Anode und Aluminium als Kathode fungiert. Abbildung 5.1 zeigt die Strom-Spannungs-Kennlinien der so prozessierten Solarzellen. Während die unbehandelte Solarzelle zwar nicht die für P3HT:PCBM-Systeme zu erwartende Leerlaufspannung von ca. 0,6 V aufweist, so zeigt die *j-U*-Kurve dennoch diodenförmiges Verhalten, d.h. sie sperrt den Strom bei Anlegen einer negativen Spannung und leitet ihn bei Anlegen einer positiven Spannung. Diese Beobachtung steht im Einklang mit der Tatsache, dass die Austrittsarbeit von unbehandeltem ITO (ca. 4,6 V) höher als die von Aluminium (ca. 4,3 V) liegt [85]. Wird die Solarzelle jedoch nach der Herstellung für eine Stunde mit UV-Licht durch die ITO-Elektrode bestrahlt, so geht die Leerlaufspannung der Solarzelle auf 0 V zurück und es ist kein Diodenverhalten mehr zu beobachten. Dieser Effekt könnte sich prinzipiell aus einer Modifikation bzw. Degradation der Absorberschicht ergeben [86, 87]. Deshalb wurden Solarzellen untersucht, deren ITO-Elektroden vor der Abscheidung

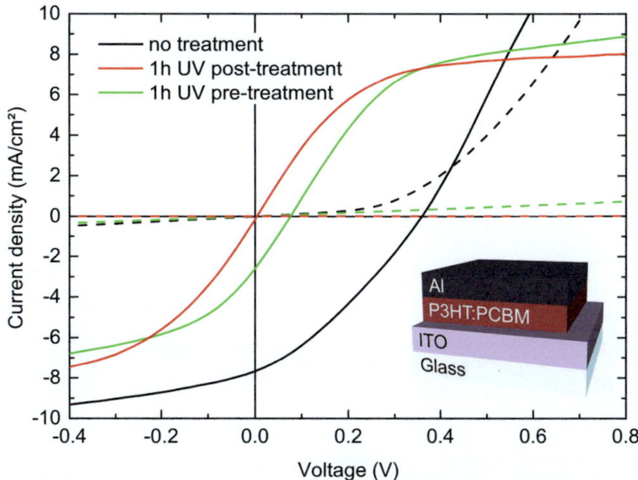

Abbildung 5.1: *j-U*-Kennlinien und schematischer Aufbau mit UV-A-Licht bestrahlter Polymersolarzellen in der Standardarchitektur. Als *pre-* bzw. *posttreatment* wird die Bestrahlung vor der Applikation der Absorberschicht bzw. nach der Fertigstellung der Solarzelle bezeichnet. Die Dunkel-Kennlinien sind gestrichelt dargestellt.

des P3HT:PCBM-Gemisches unter inerten Bedingungen bestrahlt wurden. Auch diese Solarzellen weisen deutlich niedrigere Leerlaufspannungen auf, was belegt, dass der Effekt auf die Bestrahlung der Elektrode zurückzuführen ist. Die durch die UV-Bestrahlung gesenkte Leerlaufspannung ist letztlich ein Indiz für die fehlende Selektivität der Elektroden. Dieser Effekt kann nur auftreten, wenn die Austrittsarbeit der ITO-Elektrode gesenkt wird und sich die Austrittsarbeiten von Anode und Kathode damit angleichen.

Eine Senkung der Austrittsarbeit von ITO müsste gleichermaßen dazu führen, dass sich der Halbleiter als Kathode eignet. Daher werden im Folgenden invertierte Polymersolarzellen untersucht, bei denen ITO als Kathode und der *Top*-Kontakt durch Einfügen einer PEDOT:PSS-Schicht, die eine

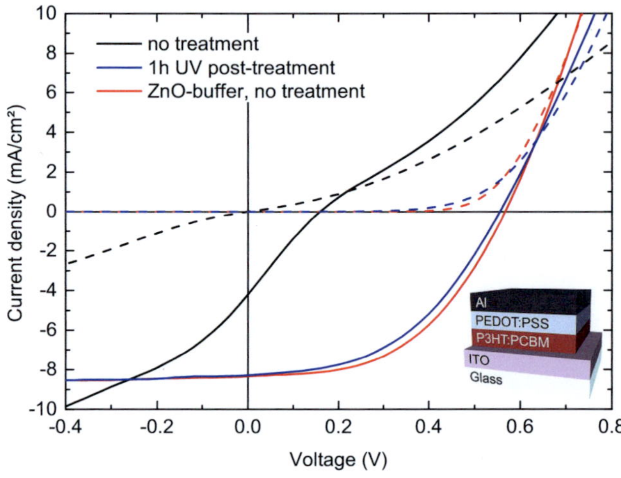

Abbildung 5.2: *j-U*-Kennlinien und schematischer Aufbau invertierter, mit UV-A-Licht bestrahlter Polymersolarzellen. Die Dunkel-Kennlinien sind gestrichelt dargestellt.

hohe Austrittsarbeit von mindestens 5 eV aufweist [88], als Anode fungiert. Die Strom-Spannungs-Kennlinien dieser invertierten Solarzellen sind in Abbildung 5.2 dargestellt. Während die unbehandelten Solarzellen niedrige Füllfaktoren und Leerlaufspannungen von weniger als 0,2 V aufweisen, steigt die Leerlaufspannung durch die nachträgliche Bestrahlung der ITO-Elektrode um ca. 0,4 V auf 0,56 V an. Gleichermaßen steigt der Füllfaktor der Solarzelle, was in Einklang mit der reduzierten energetischen Barriere an der Kathode ist [89]. So können invertierte Polymersolarzellen ohne kathodenseitige Anpassungsschicht hergestellt werden, die die gleiche Effizienz aufweisen wie Polymersolarzellen mit einer kathodenseitigen ZnO-Schicht. Dieses Resultat stimmt somit mit jüngst veröffentlichten Ergebnissen von Wang *et al.* überein, die jedoch auf eine Anreicherung von PCBM an der ITO-Grenzfläche bzw. eine Anreicherung von P3HT am Anodenkontakt durch die Bestrahlung mit Sonnenlicht geschlossen hatten [90]. Ei-

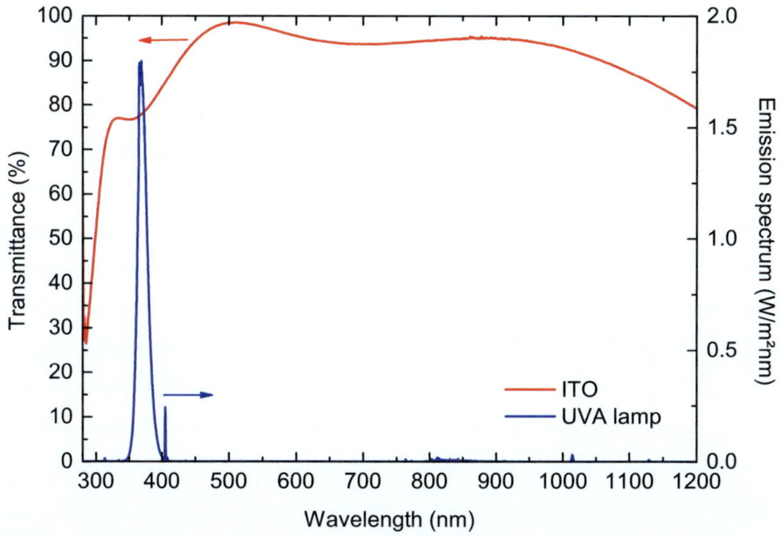

Abbildung 5.3: Totale, um den Einfluss des Glassubstrates korrigierte Transmission der verwendeten ITO-Elektroden und Emissionsspektrum der UV-A-Lampe.

ne vertikale Phasenseparation des Absorbergemisches wurde zwar bereits häufiger beobachtet [91, 92], die ihm Rahmen dieser Arbeit vorgestellten Experimente zeigen jedoch, dass die ITO-Behandlung einen sehr großen Einfluss auf die Kenngrößen der Solarzellen hat. Zudem wurden bislang keine direkten Nachweise für eine lichtinduzierte Phasenseparation vorgestellt.

Um die Ursache für diese Modifikation zu untersuchen, wurde die Transparenz der ITO-Elektrode sowie die Abstrahlcharakteristik der verwendeten UV-A-Lampe gemessen, die zusammen in Abbildung 5.3 dargestellt sind. Man kann erkennen, dass die Lampe Licht im Wellenlängenbereich zwischen 350 und 400 nm emittiert, das von der ITO-Schicht absorbiert wird. Folglich kann auf einen Mechanismus geschlossen werden, der bereits bei anderen Metalloxiden wie Zinkoxid [93, 94] oder Titanoxid [95] beobachtet wurde. Man geht davon aus, dass chemisorbierte Sauerstoffionen an der Metalloxid-Oberfläche einen Oberflächendipol ausbilden, der die effektive Austrittsarbeit von ITO erhöht. Bei Bestrahlung mit UV-Licht, dessen Energie ausreichen muss um freie Elektronen und Löcher zu generieren, werden die Sauerstoffionen mit freien Löchern gesättigt und sind damit nur noch physisch adsorbiert. Sie können daraufhin in die Umgebung entweichen, wodurch der Oberflächendipol verschwindet und die „eigentliche" Austrittsarbeit des Metalloxids zu Tage tritt. Diese Schlussfolgerung wird unterstützt durch die Tatsache, dass Solarzellen, deren ITO-Elektroden vor der Herstellung zwar UV-bestrahlt, aber anschließend an Umgebungsluft gebracht wurden, das gleiche Verhalten wie unbehandelte Solarzellen aufweisen. Durch diese Sauerstoffexposition an Umgebungsluft wird die ITO-Oberfläche somit erneut mit Sauerstoff gesättigt und die Austrittsarbeit des Halbleiters nimmt zu.

Im Rahmen dieser Arbeit kann somit auf eine Senkung der Austrittsarbeit von ITO durch die Bestrahlung mit UV-Licht und die damit verbundene Desorption von Sauerstoff geschlossen werden. Anhand von Strom-Spannungs-Kennlinien lässt sich auf eine Senkung um ca. $0{,}4\,\mathrm{eV}$ schließen. Die präsentierte Behandlungsmethode erlaubt damit die Herstellung invertierter Polymersolarzellen ohne elektronenselektive Schicht und lässt sich gleichermaßen bei anderen optoelektronischen Bauelementen anwenden. Die Experimente stehen in Einklang mit vergleichbaren Untersuchungen an Polymer- und Vakuum-prozessierten Solarzellen, die nach der Durchführung dieser Experimente veröffentlicht wurden [96].

5.2 Aufgeraute, transparente *Bottom*-Kontakte mit ZnO-Nanosäulen

Die im vorherigen Unterkapitel vorgestellten ITO-Elektroden eignen sich aufgrund ihrer Brüchigkeit nur sehr bedingt für eine Verwendung auf flexiblen Substraten [97]. Daher stellt die Abscheidung flüssig prozessierbarer und biegbarer transparenter Elektroden eine entscheidende Herausforderung für die Herstellung perspektivisch vollständig druckbarer Polymersolarzellen dar. In diesem Unterkapitel wird deshalb - aufbauend auf vorausgehenden Arbeiten am Lichttechnischen Institut [98, 99] - eine transparente, hochleitfähige Polymerelektrode vorgestellt, die durch Abscheidung anorganischer Nanostrukturen zusätzlich aufgeraut wird und damit einen effizienten horizontalen wie auch vertikalen Ladungstransport ermöglicht.

Stand der Technik

Die bereits in Abschnitt 2.3 vorgestellte Morphologie organischer *Bulk-Heterojunction*-Solarzellen ist entscheidend für die Absorption und den Ladungstransport innerhalb der Absorberschicht. Wie zuvor beschrieben, gibt es eine Vielzahl indirekter Methoden, mit denen das interpenetrierende Netzwerk aus polymeren Donatoren und Fulleren-Akzeptoren beeinflusst werden kann. Ziel ist dabei stets die Verringerung bimolekularer Rekombinationsprozesse, die durch eingeschlossene Materialdomänen hervorgerufen werden. Neben einigen Experimenten, die Morphologie gezielt durch Verfahren wie Nanoprägelithografie zu definieren [100–102], wurden bereits zahlreiche Versuche unternommen, anorganische Nanostrukturen zur verbesserten Ladungsträgerextraktion einzusetzen. Der n-leitende Verbindungshalbleiter ZnO neigt zum selbstorganisierten Wachstum [103] und wurde aufgrund seiner exzellenten optoelektronischen Eigenschaften bereits vielfach in organischen Solarzellen eingesetzt [104]. Erste Experimente deuteten darauf hin, dass sich ZnO-Nanosäulen zwar auf der Nanoskala herstellen lassen. Ihre Oberfläche stellte sich jedoch als nicht groß genug und die Abstände zwischen einzelnen Säulen als nicht kurz genug heraus, um vergleichbar hohe Photoströme wie bei Solarzellen mit zusätzlichen Fulleren-Akzeptoren zu erzielen [105]. Während bei Solarzellen mit Polymer-infiltrierten ZnO-Nanosäulen nur moderate Wirkungsgrade von bis zu 0,76% erreicht wurden [106], konnten durch die Infiltration eines Donator-Akzeptor-Gemisches Effizienzen von bis zu 3,9% demonstriert werden [107]. Zur Herstellung der Nanostrukturen wurden zahlreiche Vakuum-Prozesse wie das Gasphasentransport-Verfahren [108], die Molekularstrahl- [109] oder die metallorganische Gasphasenepitaxie [110] verwendet. Dabei werden bei der Abscheidung zumeist hohe Temperaturen von über 500 °C benötigt. Eine vielversprechende Alternative stellt das hydrothermale Wachstum von ZnO-Strukturen im chemischen Bad dar [111, 112]. Wenngleich die optische und elektronische Qualität dieser so hergestellten Nanostrukturen geringer ist als bei der Abscheidung durch Vakuum-Prozesse [113], so ermöglicht dieses Verfahren eine kostengünstigere und großflächigere Abscheidung. Vor allem aber die niedrigen Prozesstemperaturen von unter 100 °C machen diese Technologie gerade bei der Verwendung hitzeempfindlicher Substrate oder organischer Halbleiter interessant. Dieser Vorteil kann insbesondere bei der Verwendung druckbarer Elektroden ausgespielt werden. Metallische Kohlenstoff-Nanoröhrchen oder Graphen-Plättchen können beispielsweise dispergiert und aus der Flüssigphase aufgebracht werden [114, 115]. Auch Polymerelektroden auf Basis von PEDOT:PSS wurden in der Literatur bereits umfassend diskutiert [88, 99, 116]. Mit diesem Polymergemisch wurden bereits Leitfähigkeiten von über 1400 S/cm erreicht, indem die applizierte Schicht in ein hochsiedendes Lösungsmittel wie Ethylenglykol getaucht wird [117]. Bevor jedoch ZnO-Nanosäulen auf dieser Elektrode gewachsen werden können, müssen zunächst nanopartikuläre ZnO-Wachstumskeime aufgebracht werden. Dies gelang bereits in ersten Arbeiten [118, 119], in denen der Einsatz von ZnO-Nanosäulen auf PEDOT:PSS-Elektroden in Leuchtdioden demonstriert wurde. Dabei mussten jedoch zur Abscheidung

54

der Wachstumsschicht zunächst Nanopartikel synthetisiert und für eine deckende Auftragung wiederholt übereinander abgeschieden werden. In diesem Unterkapitel wird deshalb ein lösungsbasierter Prozess zur Abscheidung homogener ZnO-Wachstumsschichten vorgestellt, der die Herstellung von Polymersolarzellen mit flüssig prozessierten, aufgerauten *Bottom*-Elektroden mit ZnO-Nanosäulen ermöglicht.

Herstellung der Solarzellen

Für die Herstellung flüssig prozessierter, transparenter *Bottom*-Kontakte wurde das Polymergemisch PEDOT:PSS verwendet und wie in Ref. [99] strukturiert. Dazu wurde der hochleitfähigen Formulierung Clevios PH1000 (Firma Heraeus) 5 vol% Dimethylsulfoxid (DMSO) sowie 13 vol% Isopropanol zugesetzt. Die Schichten wurden dann zur weiteren Erhöhung der Leitfähigkeit für 3 min in ein DMSO-Bad getaucht und anschließend bei 130 °C für 3 min ausgeheizt. Dann wurde eine deckende ZnO-Schicht durch Rotationsbeschichtung einer gefilterten ZAAH-Lösung (20 g/L in Ethanol) und anschließender thermischer Behandlung bei 120 °C appliziert. Diese ZnO-Schicht wurde einerseits als Wachstumsschicht für die darauf folgende Abscheidung der ZnO-Nanosäulen eingesetzt und andererseits als elektrische Anpassungsschicht verwendet um PEDOT:PSS als Kathode verwenden zu können. Das Wachstum der ZnO-Säulen wurde in Zusammenarbeit mit Jonas Conradt vom Institut für Angewandte Physik durchgeführt. Eine ausführliche Darstellung des Herstellungsprozesses sowie Untersuchungen über den Einfluss der Prozessparameter auf die Gestalt der Nanosäulen finden sich entsprechend in Ref. [113]. Die Abscheidung erfolgte, indem die Substrate kopfüber in eine wässrige, äquimolare Lösung aus Zinknitrat (0,25 mM) und Hexamethylentetramin getaucht wurden, in der sie für 18 min auf 95 °C gehalten wurden. Um keine vertikalen Kurzschlüsse innerhalb der Solarzelle zu verursachen, wurde die Wachstumsdauer so angepasst, dass die Säulen nicht länger als ca.

100 nm sind. Dadurch konnte sichergestellt werden, dass die Absorberschicht, die typischerweise weniger als 200 nm dick ist, die Säulen komplett bedeckt. Nach der Synthese wurden die Nanosäulen mit Wasser abgespült und getrocknet. Danach wurden die Substrate in einer *Glovebox* unter inerten Bedingungen weiter verarbeitet. So wurde zunächst das Absorbergemisch P3HT:PCBM (1:0,9, 40 g/L, o-Dichlorbenzol) bei 1000 UPM aufgebracht und unter Petrischalen langsam getrocknet. Als Anode wurden 10 nm MoO_3 und 200 nm Aluminium durch thermisches Verdampfen abgeschieden.

Ergebnisse und Diskussion

Neben Solarzellen mit Elektroden aus PEDOT:PSS/ZnO/ZnO-Nanosäulen (Elektrode **A**) wurden auch Referenzsolarzellen ohne Nanosäulen (Elektrode **B**) und Solarzellen mit ITO/ZnO/ZnO-Nanosäulen (Elektrode **C**) hergestellt. Abbildung 5.4 zeigt elektronenmikroskopische Bilder der Elektroden. Anhand von Abbildung 5.4B erkennt man zunächst, dass das durch einen Präkursor-Prozess abgeschiedene ZnO keine glatte, homogene Schicht bildet, sondern sich vielmehr zu dicht liegenden Nanokristalliten formiert. Diese nanopartikuläre Schicht fungiert als ideale Basis, um

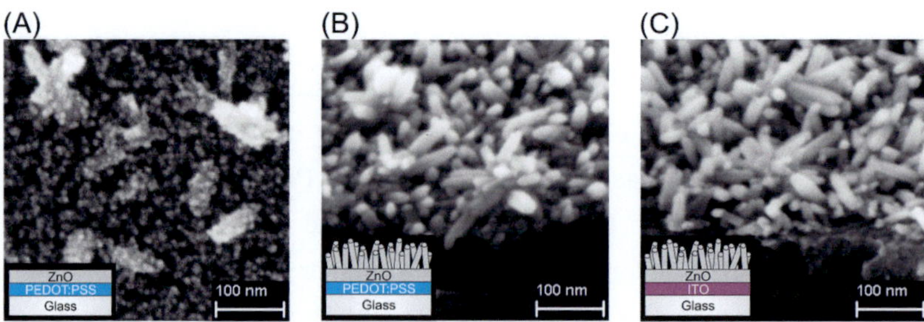

Abbildung 5.4: REM-Aufnahmen und schematische Skizzen (Einsatz) der untersuchten Elektroden. (A) PEDOT:PSS/ZnO/ZnO-Nanosäulen (45° Seitenansicht), (B) PEDOT:PSS/ZnO (Ansicht von oben), (C) ITO/ZnO/ZnO-Nanosäulen (45° Seitenansicht).

das Wachstum dünner Nanosäulen zu ermöglichen, wie in Abbildung 5.4A deutlich wird. Aus dieser Darstellung lässt sich die mittlere Höhe der Säulen auf ca. 100 nm abschätzen, was die Abscheidung dünner organischer Absorberfilme von weniger als 200 nm Schichtdicke ermöglicht. Ferner lässt sich beobachten, dass die Säulen nicht exakt vertikal aus der Substratebene wachsen. Dies stellt für die Funktion der Solarzelle jedoch kein Nachteil dar, da die Säulen dennoch als effektive Transportpfade fungieren können. Durch den Vergleich der Abbildungen 5.4A und 5.4C erkennt man, dass die Gestalt der Nanosäulen nicht wesentlich von der darunterliegenden Elektrode abhängt, sodass sich die Säulen auf PEDOT:PSS- bzw. ITO-Schichten stark ähneln.

Zur optoelektronischen Untersuchung der hergestellten Elektroden wurde zunächst der Flächenwiderstand der PEDOT:PSS-Elektrode zu $45\,\Omega/\square$ bestimmt. Die Schichtdicke kann aus Abbildung 5.4A in Übereinstimmung mit profilometrischen Messungen zu 155 nm bestimmt werden, sodass die Leitfähigkeit mehr als 1400 S/cm beträgt. Neben einer hohen Leitfähigkeit muss der *Bottom*-Kontakt jedoch eine hohe Transparenz aufweisen. Abbildung 5.5 zeigt die Transmission der drei untersuchten Elektrodensysteme. Elektroden aus PEDOT:PSS und ZnO weisen eine recht hohe Transmission von ca. 80% über den gesamten sichtbaren Spektralbereich auf. Durch die Abscheidung der Säulen nimmt die Transparenz oberhalb von 400 nm nur unwesentlich ab, während unterhalb dieser Wellenlänge die Bandlücken-Absorption von ZnO einsetzt und zu einer signifikanten Abnahme der Transparenz führt. Man kann außerdem feststellen, dass die Absorption der PEDOT:PSS-Schicht besonders für größere Wellenlängen sehr stark zunimmt, während ihre Transparenz im nahen UV-Bereich deutlich höher als die der ITO-Elektrode ist.

In Abbildung 5.6 ist eine typische Bruchkante einer ganzen Polymersolarzelle mit PEDOT:PSS-Elektrode und ZnO-Nanosäulen dargestellt. Man erkennt darin deutlich, dass die Absorberschicht die Nanosäulen komplett bedeckt, wodurch etwaige vertikale Kurzschlüsse zwischen der PEDOT:

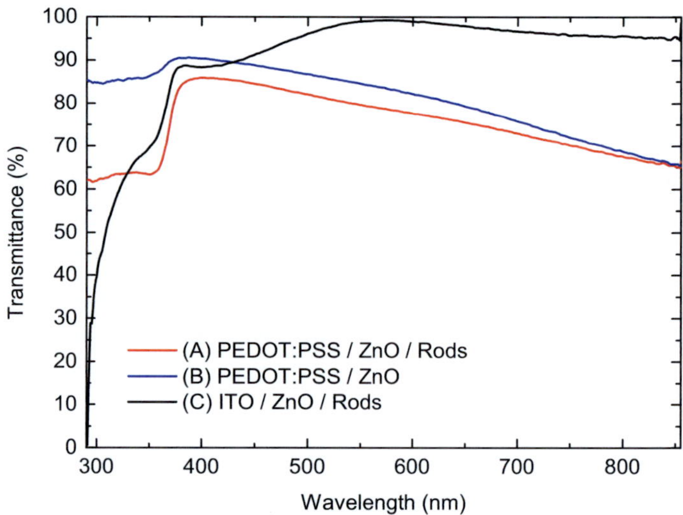

Abbildung 5.5: Totale, um den Einfluss des Glassubstrates korrigierte Transmission der flüssig prozessierten ZnO-Nanosäulen auf PEDOT:PSS- bzw. ITO-Substraten im Vergleich zu PEDOT:PSS/ZnO-Elektroden.

Kathode	j_{SC} (mA/cm^2)	U_{OC} (V)	FF (%)	η (%)
(A) PEDOT:PSS/ZnO/ZnO-Säulen	7,0	0,54	43	1,6
(B) PEDOT:PSS/ZnO	6,7	0,49	41	1,3
(C) ITO/ZnO/ZnO-Säulen	7,9	0,58	49	2,3

Tabelle 5.1: Photovoltaische Kenngrößen von Polymersolarzellen im Aufbau Kathode/P3HT:PCBM/MoO$_3$/Al.

PSS- und der Aluminium-Elektrode verhindert werden. Zudem lässt sich eine erfolgreiche Infiltration der Nanosäulen durch das Absorbergemisch beobachten.

Zur optoelektronischen Charakterisierung wurden zunächst j-U-Kennlinien von Polymersolarzellen mit den drei verschiedenen Kathoden aufgenommen, wie in Abbildung 5.7 gezeigt ist. Ferner sind die relevanten pho-

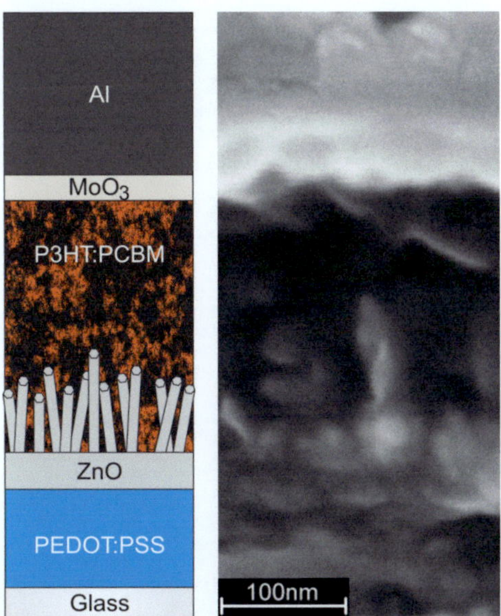

Abbildung 5.6: REM-Aufnahme einer Bruchkante einer PEDOT:PSS/ZnO/ZnO-Nanosäulen/P3HT:PCBM/MoO$_3$/Al-Solarzelle (Betrachtungswinkel 70°). Die beschriftete schematische Darstellung dient der Identifikation der Schichten.

tovoltaischen Kenngrößen in Tabelle 5.1 zusammengefasst. Solarzellen mit hybriden Elektroden aus PEDOT:PSS/ZnO/ZnO-Nanosäulen (Elektrode **A**) weisen eine Leerlaufspannung $U_{OC} = 0,54\,V$, eine Kurzschlussstromdichte $j_{SC} = 7\,mA/cm^2$ und einen Füllfaktor $FF = 43\%$ auf, wodurch sich eine Effizienz von $\eta = 1,6\%$ ergibt. Der spezifische Serienwiderstand $r_S = 17\,\Omega cm^2$ ist dabei höher als der von Solarzellen mit ITO-Elektroden ($r_S = 6\,\Omega cm^2$), was auf den niedrigeren Flächenwiderstand der ITO-Elektrode zurückzuführen ist. Der niedrigere spezifische Serienwiderstand der Bauteile mit ITO-Elektrode (**C**) spiegelt sich auch in deren höherem Füllfaktor wieder. Zudem weisen Solarzellen mit Elektrode **C** um ca. 1 mA/cm^2 höhere Kurzschlussstromdichten auf, was auf die insgesamt höhere Transparenz dieser Elektrode zurückzuführen ist (vgl. Abbildung

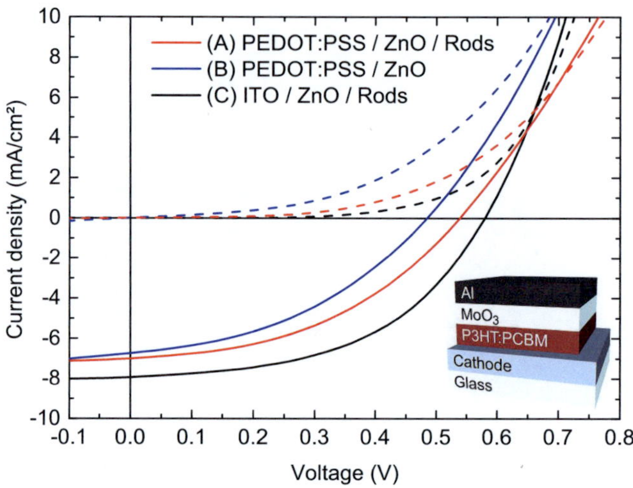

Abbildung 5.7: j-U-Kennlinien und schematischer Aufbau von Polymersolarzellen mit verschiedenen Kathodensystemen. Die Dunkel-Kennlinien sind gestrichelt dargestellt.

5.5). Auch die Leerlaufspannungen der ITO-basierten Solarzellen ist um 40 mV höher als die von Solarzellen mit Elektrode **A**. Dieser Effekt wurde bereits bei ähnlichen Bauelementarchitekturen beobachtet [88] und könnte auf einen Spannungsverlust am PEDOT:PSS-ZnO-Übergang zurückzuführen sein [120].

Bauteile ohne ZnO-Nanosäulen (Elektrode **B**) weisen einen geringeren Füllfaktor $FF = 40\%$ auf als Solarzellen mit ZnO-Nanosäulen, woraus sich schlussfolgern lässt, dass die Säulen den Ladungstransport aus der aktiven Schicht verbessern. Zudem ist die Leerlaufspannung bei Verwendung von ZnO-Nanosäulen höher als ohne Nanostrukturen, was zu der insgesamt höheren Effizienz von 1,6% gegenüber den Solarzellen ohne Säulen (Elektrode **B**, $\eta = 1,3\%$) führt. Für die bei Solarzellen mit ZnO-Nanosäulen (Elektrode **A**)beobachtete um 50 mV höhere Leerlaufspannung können einige Ursachen in Betracht gezogen werden. So wurden durch Kelvin-Sonden-Experimente gezeigt, dass ZnO-Säulen eine niedrigere Austrittsarbeit als

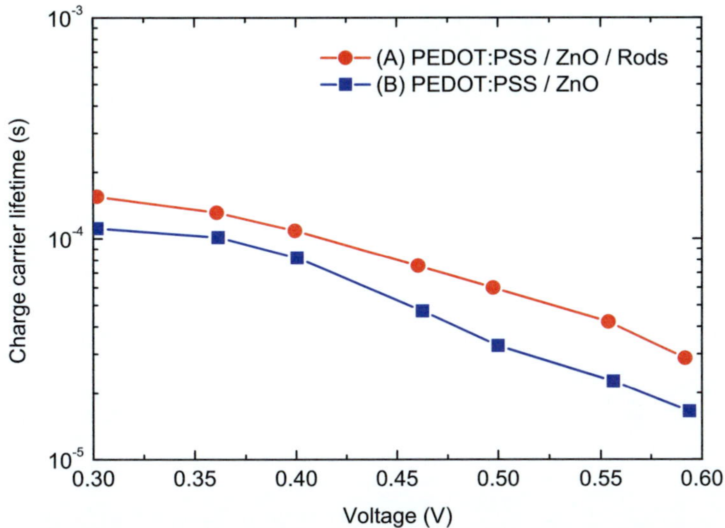

Abbildung 5.8: Ladungsträgerlebensdauer τ in Kathode/P3HT:PCBM/MoO$_3$/Al-Polymersolarzellen.

plane ZnO-Schichten besitzen [121]. Zudem könnten die ZnO-Nanosäulen einen parasitären Lochstrom aus der aktiven Schicht zur PEDOT:PSS-Elektrode effektiver unterdrücken als eine plane Schicht. Letztendlich ist auch eine durch den verbesserten und selektiven Ladungstransport innerhalb der Absorberschicht verringerte bimolekulare Rekombinationsrate vorstellbar. Sowohl die lochblockenden Eigenschaften als auch eine verminderte Rekombinationsrate können zu der höheren Leerlaufspannung führen [122].

Sollten die Nanosäulen den Elektronentransport zwischen der Absorberschicht und der Kathode verbessern, so müsste sich dies in einer höheren Lebensdauer der Ladungsträger äußern, da diese auf perkolierten Pfaden hoher Mobilität transportiert werden. Abbildung 5.8 zeigt die mittels Impedanzspektroskopie ermittelte Ladungsträgerlebensdauer als Funktion der angelegten Spannung (vgl. Abschnitt 2.1). Der exponentielle Abfall der

Lebensdauer mit zunehmender Spannung ist in guter Übereinstimmung mit der Theorie und Experimenten an vergleichbaren Polymersolarzellen [123,124]. Die Ladungsträgerlebensdauer ist zudem bei Solarzellen mit Nanosäulen (Elektrode **A**) um einen Faktor von ca. 1,5 höher als bei Solarzellen ohne Säulen (Elektrode **B**). Diese Beobachtung legt nahe, dass die Nanosäulen tatsächlich einen effizienteren Ladungstransport ermöglichen. Mikroskopisch könnte die Ursache in der Eigenschaft der Nanosäulen als Elektronen-Akzeptor und Loch-Blocker liegen, über den freie, photogenerierte Elektronen effizient die *Bottom*-Kathode erreichen können.

5.3 Gesprühte, transparente *Top*-Kontakte

Neben den zuvor vorgestellten flüssig prozessierbaren *Bottom*-Elektroden ist es ferner notwendig, auch flüssigprozessierbare *Top*-Elektroden zu erforschen. Aus diesem Grund werden im Rahmen dieser Arbeit nachfolgend transparente *Top*-Kontakte untersucht, die sich aus der Flüssigphase abscheiden lassen. Diese können später auch als transparente *Top*-Elektroden für CIGS- oder Tandemsolarzellen eingesetzt werden. So eignen sich die in Abschnitt 5.2 vorgestellten PEDOT:PSS-Elektroden prinzipiell auch als *Top*-Kontakt. Dabei ist jedoch zu beachten, dass das hygroskopische Polymer-Gemisch ohne Zugabe von haftvermittelnden Additiven nur polare Oberflächen hinreichend benetzt. Da diese Additive nach der Schichtapplikation im Film zurückbleiben und dadurch die Leitfähigkeit von PEDOT:PSS beeinflussen können, wird in diesem Unterkapitel gezeigt, wie PEDOT:PSS ohne remanente Additive mittels eines Sprühverfahrens auf unpolaren P3HT:PCBM-Absorberschichten abgeschieden werden kann.

Stand der Technik

PEDOT:PSS-*Top*-Kontakte wurden bereits durch Rotationsbeschichtung sowohl in der invertierten Architektur als Anode als auch in der Standard-Architektur als Kathode verwendet [125–128]. Dazu wurden der Suspension vorwiegend Additive wie Dynol 604 (Firma Airproducts) oder Zonyl FS-300 (Firma DuPont) beigefügt [128–130], oder es wurden dünne, haftvermittelnde Zwischenschichten [127, 131] eingesetzt. Ein alternativer Vorschlag umfasst die Benetzung des Substrates mit Isopropanol und anschließender Abscheidung des mit Isopropanol versetzten Polymergemisches [132]. Zudem wurde vorgeschlagen, das Substrat mit PEDOT:PSS zu besprühen und noch vor der Trocknung der Tropfen eine Schicht durch Rotation des Substrates herzustellen [133]. In diesem Abschnitt wird hingegen demonstriert, dass durch die systematische Sprühbeschichtung mikroskopischer PEDOT:PSS-Inseln die Oberflächenenergie der Absorberschicht so angepasst werden kann, dass nachfolgend eine hochleitfähige PEDOT:PSS-Schicht aufgesprüht werden kann.

Herstellung der Solarzellen

Sämtliche in diesem Abschnitt beschriebene Solarzellen wurden in den Laboren des Bio21-Instituts der *University of Melbourne* sowie des *CSI-RO Materials Science and Engineering* in Melbourne hergestellt und charakterisiert. Zur Herstellung von invertierten, semitransparenten Solarzellen mit gesprühten *Top*-Kontakten wurde der in Abbildung 5.9 gezeigte Aufbau verwendet. Nach der Reinigung der ITO-Substrate wurde durch Rotationsbeschichtung einer 100 °C heißen Lösung des Präkursors ZAAH (20 g/L in Ethanol) und anschließendem Ausheizen bei 120 °C eine ZnO-Schicht appliziert. Daraufhin wurde eine 180 nm dicke Schicht des Absorbergemisches P3HT:PCBM (1:0,9, 40 g/L in o-Dichlorbenzol) durch Rotationsbeschichtung aufgetragen. Zur Abscheidung der transparenten Elektrode wurden einer hochleitfähigen Formulierung von PEDOT:PSS (Cle-

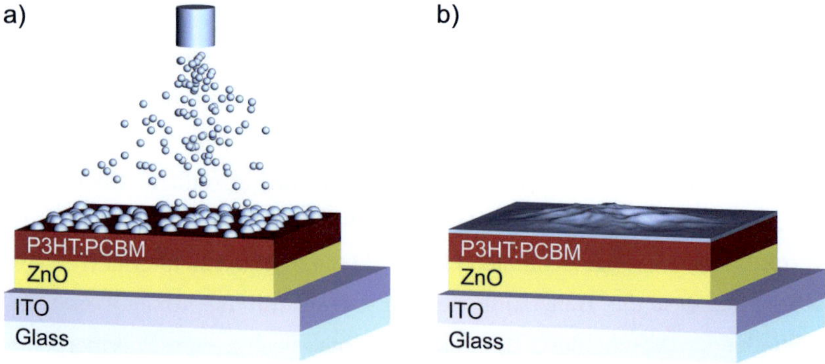

Abbildung 5.9: Schematische Darstellung der Solarzellenarchitektur und des Herstellungsprozesses für gesprühte *Top*-Kontakte. a) Sprühbeschichtung haftvermittelnder PEDOT:PSS-Inseln. b) Sprühbeschichteter PEDOT:PSS-Nassfilm.

vios PH1000) 5 vol% DMSO und 10 vol% Isopropanol zugefügt. So wurden haftvermittelnde Inseln durch Sprühbeschichtung dieses Polymergemisches bei einer Flussrate von 0,04 mL/min und einem Druck von 2,8 psi unter Variation der Substrattemperatur und der Sprühdauer aufgetragen, wie in Abbildung 5.9a dargestellt ist. In einem zweiten Schritt, der in Abbildung 5.9b schematisch skizziert ist, wurde durch die Erhöhung der Flussrate auf 0,7 mL/min ein Nassfilm in einem Sprühvorgang von 18 s abgeschieden. Zur Herstellung einer strukturierten Elektrode wurde eine entsprechende Fläche mittels einer Schattenmaske definiert. Sämtliche beschriebenen Prozessschritte wurden unter ambienten Bedingungen durchgeführt.

Ergebnisse und Diskussion

PEDOT wird durch Zugabe des aufgrund seiner Sulfonsäuregruppe stark sauren Polystyrolsulfonats dotiert. Dadurch ist das Polymer auch sehr polar und wasserlöslich [134], was eine Benetzung auf unpolaren Oberflächen deutlich erschwert. So bildet ein PEDOT:PSS-Nassfilm ohne zusätzliche Lösungsmittel oder Additive auf einer P3HT:PCBM-Absorberschicht einen Kontaktwinkel von über 90° aus [135]. Entsprechend muss bei der Auftragung von mikroskopischen PEDOT:PSS-Inseln darauf geachtet werden, dass die gesprühten Tropfen nach dem Auftreffen auf der Absorber-Oberfläche möglichst schnell trocknen, um die horizontale Agglomeration zu größeren Tropfen zu vermeiden. Um den Trocknungsprozess zu beschleunigen wurde im Rahmen dieser Arbeit versucht, die Substrattemperatur zu erhöhen, wie in Abbildung 5.10 dargestellt ist.

Darin sind neben den durch AFM-Messungen aufgenommenen Höhenprofilen auch die Amplituden abgebildet um eine deutlichere Darstellung der Inselkonturen zu ermöglichen. So lässt sich anhand der Amplitudenbilder erkennen, dass die Tropfen auf dem ungeheizten Substrat (Abbildung 5.10a) vor der Trocknung zusammenfließen. Durch diese Kontraktion ist ein entsprechend geringerer Anteil der Oberfläche von PEDOT:PSS-Inseln

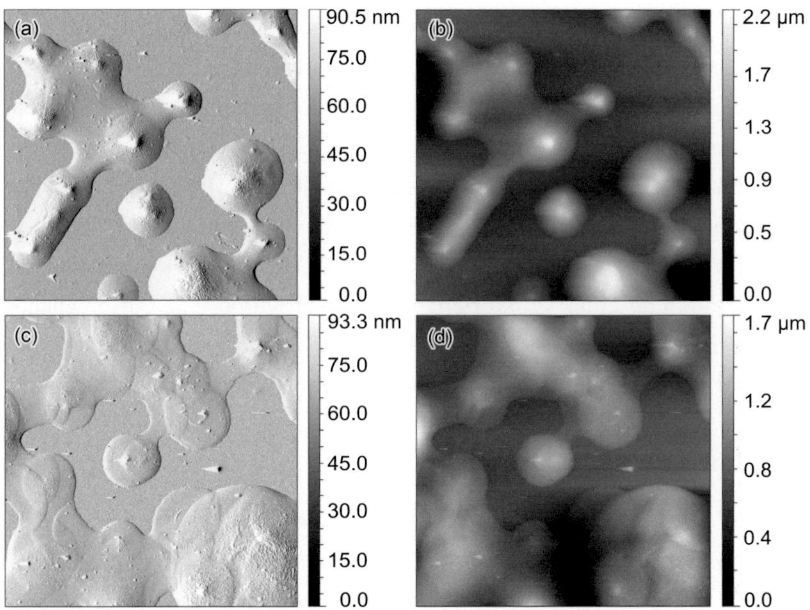

Abbildung 5.10: $90 \times 90\,\mu m^2$ AFM-Aufnahmen (Amplitude bzw. Topografie) von haftvermittelnden PEDOT:PSS-Inseln, die bei unterschiedlichen Substrattemperaturen aufgebracht wurden. a) 20 °C, Amplitude. b) 20 °C, Topografie. c) 80 °C, Amplitude. d) 80 °C, Topografie.

bedeckt, wie der Vergleich mit Abbildung 5.10c verdeutlicht, bei dem das Substrat auf 80 °C gehalten wurde. Da bei dieser erhöhten Substrattemperatur selbst die Konturen überlappender Inseln deutlich erkennbar sind, kann darauf geschlossen werden, dass die Tropfen beim Kontakt mit der Oberfläche sofort trocknen. Dies spiegelt sich auch in der Höhe der Inseln wieder. Während die instantan getrockneten Inseln maximale Höhen von ca. 1,7 μm aufweisen (Abbildung 5.10d), sind die bei Raumtemperatur getrockneten Strukturen bis zu 2,2 μm hoch (Abbildung 5.10b).

Abbildung 5.11 zeigt graustufige Lichtmikroskop-Aufnahmen der aufgesprühten PEDOT:PSS-Inseln, während das mit P3HT:PCBM-beschichtete Glassubstrat auf unterschiedlichen Temperaturen gehalten wurde. Während

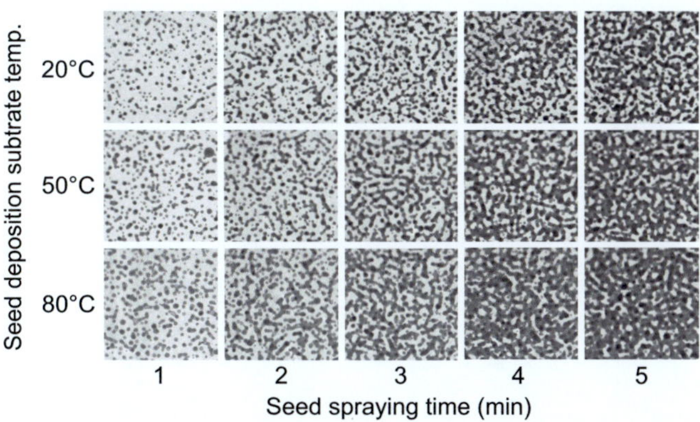

Abbildung 5.11: $500 \times 500\,\mu m^2$ Lichtmikroskop-Aufnahmen von haftvermitteln-den PEDOT:PSS-Inseln (engl. *seeds*), die bei unterschiedlichen Substrattempera-turen und Sprühdauern aufgebracht wurden.

sich die Tropfen bei niedrigen Substrattemperaturen deutlich zu kreisför-migen Inseln zusammenziehen, sind die Strukturen bei hoher Substrattem-peratur deutlich homogener verteilt und erscheinen aufgrund ihrer gerin-geren Höhe flacher. Wird die Dauer des Sprühstoßes auf mehrere Minu-ten erhöht, so wird das Substrat zunehmend mit PEDOT:PSS bedeckt. Der augenscheinlich höchste Deckungsgrad wird bei 80 °C heißen Substraten erreicht, da die aufgetragenen Tropfen bei niedrigen Substrattemperaturen noch mobil sind und zu bereits getrockneten Inseln migrieren können.

Um eine quantitative Analyse des Deckungsgrades durchzuführen, wur-den die in Abbildung 5.11 gezeigten Aufnahmen in Schwarz-Weiß-Bilder umgewandelt. Dazu wurde in den jeweiligen Histogrammen das Minimum zwischen den beiden Maxima der hellen und dunklen Bereiche als Schwel-lenwert gewählt. Das Verhältnis der Anzahl der schwarzen Pixel zur Ge-samtpixelanzahl wurde dann als Deckungsgrad angenommen und für ver-schiedene Substrattemperaturen als Funktion der Sprühdauer in Abbildung 5.12 aufgetragen. Man kann der Darstellung entnehmen, dass bei gleicher Sprühdauer der Deckungsgrad der PEDOT:PSS-Inseln mit der Substrat-

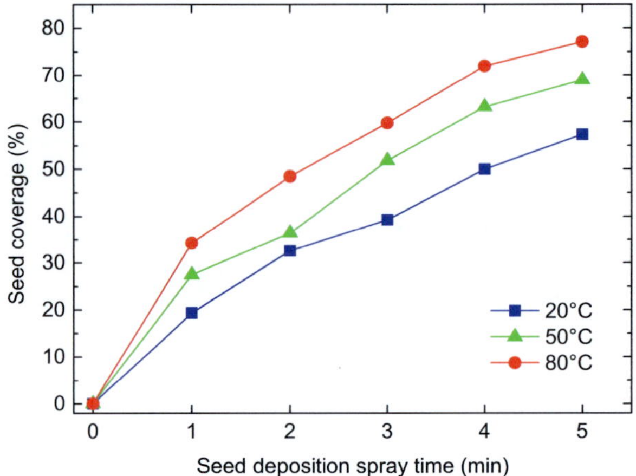

Abbildung 5.12: Deckungsgrad der P3HT:PCBM-Oberfläche durch PEDOT:PSS-Inseln für verschiedene Substrattemperaturen als Funktion der Sprühdauer.

temperatur ansteigt. So sind bei einer Temperatur von 80 °C bereits nach ca. 2 min 50% der P3HT:PCBM-Oberfläche bedeckt, während man bei unbeheizten Substraten eine Sprühdauer von 4 min für den gleichen Deckungsgrad benötigt.

Im Folgenden wurden Kontaktwinkelmessungen durchgeführt um die Oberflächenenergie der mit PEDOT:PSS-Inseln bedeckten Absorberfilme und die Benetzungseigenschaften von PEDOT:PSS auf diesen Substraten zu untersuchen. Unbeschichtete P3HT:PCBM-Filme weisen eine Oberflächenenergie von $\gamma_S = 20\,mJ/m^2$ mit einer polaren Komponente von $\gamma_S^P = 10\,mJ/m^2$ auf. Scheidet man bei einer Substrattemperatur von 80 °C PEDOT:PSS-Inseln für 3 min ab, was einem Deckungsgrad von 60% entspricht, so steigt die Oberflächenenergie auf $\gamma_S = 40\,mJ/m^2$ an und wird deutlich polarer ($\gamma_S^P = 30\,mJ/m^2$). Bei dem höchsten im Rahmen dieser Arbeit untersuchten Deckungsgrad von 80% bei einer Substrattemperatur von 80 °C und einer Sprühdauer von 5 min nimmt die Oberflächen-

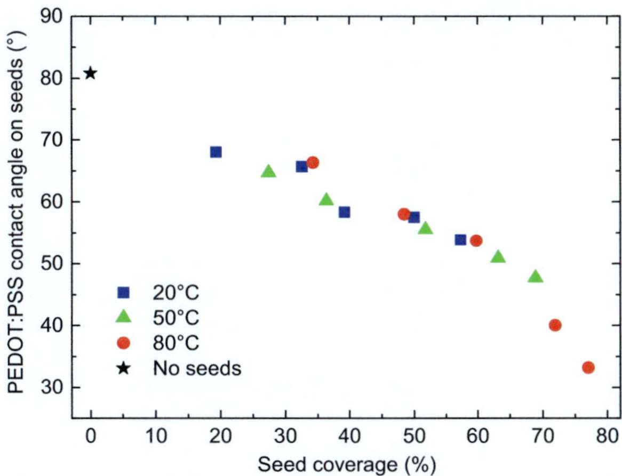

Abbildung 5.13: Kontaktwinkel zwischen einem Tropfen der verwendeten hochleitfähigen PEDOT:PSS-Formulierung und der oberflächenmodifizierten P3HT:PCBM-Schicht als Funktion des Insel-Deckungsgrades auf dem Substrat. Zur Modifikation der P3HT:PCBM-Oberfläche wurden PEDOT:PSS-Inseln bei verschiedenen Substrattemperaturen aufgebracht.

energie einen Wert von $\gamma_S = 90\,mJ/m^2$ an und übersteigt damit sogar die Oberflächenenergie von reinen PEDOT:PSS-Schichten ($\gamma_S = 80\,mJ/m^2$). Dies kann auf die erhöhte Wechselwirkung der verwendeten Testflüssigkeiten mit der rauen PEDOT:PSS-Oberfläche zurückgeführt werden. Entsprechend verbessert sich die Benetzung von PEDOT:PSS auf der mit Inseln bedeckten P3HT:PCBM-Oberfläche signifikant, wie in Abbildung 5.13 gezeigt wird. Darin ist der Kontaktwinkel der verwendeten PEDOT:PSS-Formulierung auf den untersuchten Substraten dargestellt. Während PEDOT:PSS-Tropfen auf reinen P3HT:PCBM-Oberflächen einen Kontaktwinkel θ_C von mehr als 80° ausbilden, kann der Kontaktwinkel für einen Deckungsgrad von 80% auf ca. 35° gesenkt werden. Ferner hängt der Kontaktwinkel fast nicht von der durch die Substrattemperatur bestimmten Form der Inseln, sondern vorwiegend von deren Deckungsgrad ab.

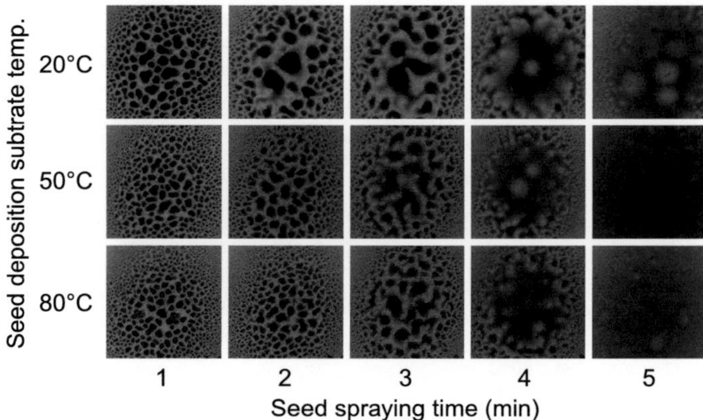

Abbildung 5.14: $25 \times 25mm^2$-Photografien von PEDOT:PSS-Nassfilmen auf P3HT:PCBM-Schichten, auf denen zuvor haftvermittelnde PEDOT:PSS-Inseln bei unterschiedlichen Sprühdauern und Substrattemperaturen aufgebracht wurden.

Prinzipiell könnte das vorgestellte Verfahren zur Abscheidung mikroskopischer PEDOT:PSS-Inseln auch zur Herstellung einer flächigen Elektrode verwendet werden, indem die Sprühdauer entsprechend verlängert wird. Dieser Prozess würde jedoch einige Minuten in Anspruch nehmen und würde zu sehr rauen, dicken Schichten führen. Deshalb wird im Folgenden untersucht, ab welcher Insel-Dichte die Abscheidung eines PEDOT:PSS-Nassfilmes durch kurze Sprühbeschichtung mit hoher Rate möglich ist. Dazu wurde die Flussrate von 0,04 mL/min auf 0,7 mL/min erhöht und 18 s auf die in Abbildung 5.11 gezeigten Substrate gesprüht. Nach der Trocknung der Nassfilme wurden erneut Bilder aufgenommen, die in Abbildung 5.14 dargestellt sind. Bei zu niedriger Insel-Dichte und damit zu niedriger Oberflächenenergie des Substrates bilden sich größere PEDOT:PSS-Inseln auf der Oberfläche. Erst bei höheren Deckungsgraden von über 70% erstreckt sich der PEDOT:PSS-Nassfilm über das gesamte Substrat und bildet nach der Trocknung eine zusammenhängende ca. 1 bis 2 μm dicke Schicht mit einer Rauheit von ca. 1 μm. In Übereinstimmung mit Experimenten anderer Forschungsgruppen [136], weisen die gesprühten PEDOT:PSS-Filme

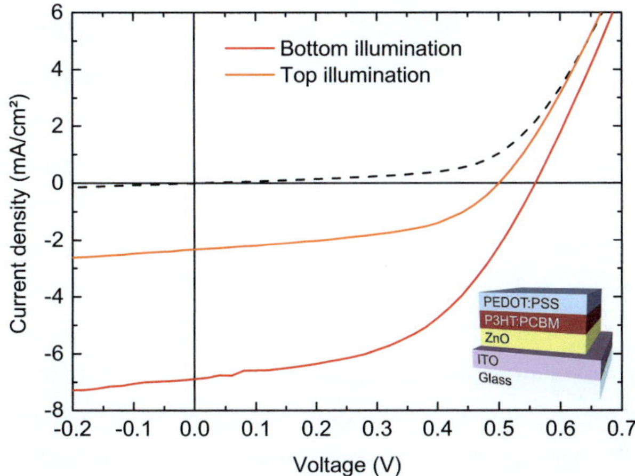

Abbildung 5.15: *j-U*-Kennlininen und schematischer Aufbau von semitransparenten Polymersolarzellen mit sequentiell gesprühten PEDOT:PSS-*Top*-Kontakten. „*Top*" bzw. „*Bottom illumination*" bezeichnen dabei die Kennlinien der durch den *Top*- bzw. *Bottom*-Kontakt bestrahlten Bauteile. Die Dunkel-Kennlinie ist gestrichelt dargestellt.

damit eine deutlich höhere Rauheit auf als vergleichbare Schichten, die durch Rotationsbeschichtung oder andere Flüssigprozesse aufgetragen werden. Da die PEDOT:PSS-Schicht in diesem Fall jedoch als *Top*-Kontakt verwendet wird und keine weiteren Schichten darauf abgeschieden werden, stellt die hohe Rauheit zunächst nur einen kosmetischen Mangel dar. Um die Rauheit zu verringern, müsste in erster Linie die Höhe der haftvermittelnden Inseln verringert werden, was beispielsweise durch eine weitere Erhöhung der Substrattemperatur ermöglicht werden könnte.

Nach der beschriebenen zweistufigen Abscheidung der PEDOT:PSS-Elektrode durch eine Schattenmaske und anschließendem Ausheizen der Solarzellen unter inerten Bedingungen wurden *j-U*-Kennlinien der fertig gestellten Solarzellen aufgenommen, die in Abbildung 5.15 dargestellt sind. Während die durch den transparenten ITO-*Bottom*-Kontakt bestrahlte semitransparente Solarzelle einen Wirkungsgrad von $\eta = 1,9\%$ aufweist, beträgt die Effizienz bei Bestrahlung durch die gesprühte PEDOT:PSS-Elektrode nur noch $\eta = 0,6\%$. Dieser Rückgang kann hauptsächlich auf die erhöhte parasitäre Absorption in der dicken PEDOT:PSS-Schicht und die damit verminderte Photostromdichte zurückgeführt werden. Durch die verminderte Bestrahlung der aktiven Schicht wird zugleich die Leerlaufspannung der Solarzelle bei Bestrahlung durch den *Top*-Kontakt verringert. Wenngleich sich die präsentierte PEDOT:PSS-Elektrode somit aufgrund der hohen Schichtdicke nur bedingt als transparenter *Top*-Kontakt für Dünnschichtsolarzellen eignet, so kann die zweistufige Sprühbeschichtung dennoch als universelles Konzept Anwendung finden. Sie eignet sich insbesondere für Materialien, die sich aufgrund stark unterschiedlicher Oberflächenenergien mit anderen Methoden nur eingeschränkt übereinander abscheiden lassen.

5.4 Hybride, transparente *Top*-Kontakte

Da die im vorherigen Unterkapitel 5.3 vorgestellten gesprühten *Top*-Kontakte aufgrund ihrer hohen Schichtdicke und damit verbundenen starken Absorption nur bedingt als transparente Elektrode geeignet sind, wird in diesem Abschnitt ein Konzept zur Herstellung hybrider Elektroden untersucht. Daher wird zum lateralen Stromtransport ein selbstorganisiertes Netzwerk aus Silber-Nanodrähten in einer dünnen leitfähigen Polymermatrix verwendet.

Stand der Technik

Aufgrund ihrer exzellenten Transparenz, Leitfähigkeit und Biegungsfähigkeit erweisen sich Silber-Netzwerke als aussichtsreiche Kandidaten für die Herstellung transparenter Elektroden [137–141]. So können maßgeschneiderte Nanostrukturen durch komplexe Depositionsprozesse wie Nanoprägelithografie [137], Aufdampfen durch feingliedrige Schattenmasken [138] oder Mikrokontakt-Druck [139] hergestellt werden. Zur schnellen und kostengünstigen Abscheidung hochleitfähiger Elektroden aus der Flüssigphase eignen sich insbesondere dispergierte Silber-Nanodrähte, die bei der Deposition ein selbstorganisiertes Netz ausbilden [140, 141]. Solche Netzwerke weisen zwar exzellente Leitfähigkeiten auf, um jedoch einen Ladungstransport zwischen benachbarten Strängen zu ermöglichen, muss das Netzwerk in einer leitfähigen Matrix eingebettet werden. So wurden Silber-Nanodrähte, die mit nanopartikulären oder polymerbasierten Schichten aufgefüllt wurden, bereits erfolgreich als transparenter *Bottom*-Kontakt für Polymersolarzellen in der invertierten und der Standard-Architektur hergestellt [142–145]. Obwohl dadurch bereits erfolgreich die Substitution der brüchigen und kostspieligen ITO-Elektrode demonstriert werden konnte, gibt es nur wenige Berichte über den Einsatz von Silber-Nanodrähten (AgNW) als *Top*-Kontakt [146, 147]. In diesen Veröffentlichungen wird das Silber-Netzwerk zunächst auf Stempelsubstraten aufgetragen, dort thermisch behandelt und durch mechanischen Druck geebnet. In einem zweiten Schritt werden die Schichten dann durch Lamination auf die aktive Schicht transferiert. Bei diesem Prozess können aus der Substratebene hervorstehende Nanodrähte die aktive Schicht beschädigen und somit zu Kurzschlüssen innerhalb der Solarzelle führen. Zusätzlich müssen die Solarzellen nach dem Transfer der Elektrode sowohl thermisch als auch mit Spannungspulsen behandelt werden um einen ausreichenden Kontakt zwischen der aktiven Schicht und der *Top*-Elektrode zu ermöglichen.

Im Rahmen dieser Arbeit wird eine Komposit-Elektrode aus einer Pufferschicht und Silber-Nanodrähten direkt auf der Absorberschicht abgeschieden um so semitransparente invertierte Polymersolarzellen herzustellen.

Herstellung der Solarzellen

Auf den gereinigten ITO-Substraten wurde zunächst eine ZnO-Pufferschicht aus einer Lösung von Zinkacetat-Dihydrat (11 g/L), dem Stabilisator Polyvinylpyrrolidon (3 g/L) und Ethanolamin (3 g/L) in Ethanol abgeschieden. Nach der Rotationsbeschichtung bei 3000 UPM wurde die Schicht bei 200 °C für 30 min thermisch behandelt. Als aktive Schicht wurde wie in den zuvor beschriebenen Experimenten das Gemisch P3HT:PCBM (1:0,9, 40 g/L in o-Dichlorbenzol) aufgetragen. Um den Einfluss der Leitfähigkeit der anodenseitigen Pufferschicht zu untersuchen, wurde einerseits eine sehr niedrig leitfähige Vanadiumpentoxid-Schicht (V_2O_5) aus einer Lösung von Vanadium-Triisopropoxid-Oxid (0,5 vol% in Isopropanol) unter ambienten Bedinungen bei 5000 UPM aufgeschleudert. Alternativ wurde eine hochleitfähige, ca. 30 nm dicke Schicht PEDOT:PSS abgeschieden. Dazu wurde das PEDOT:PSS-Derivat Clevios PH1000 mit 5 vol% DMSO und 8 vol% des haftvermittelnden Additivs B20 (vgl. Unterkapitel 5.1) versetzt und aufgeschleudert. Vor der Abscheidung der Silber-Nanodrähte wurden beide Pufferschichten für 1 min bei 100 °C an Luft ausgeheizt um Lösungsmittelrückstände zu entfernen. Des Weiteren wurden strukturierte Klebestreifen auf den Schichten aufgebracht um eine definierte Elektrodenfläche zu gewährleisten. Daraufhin wurden Silber-Nanodrähte (AgNW-115, Firma Seashell Technology) aus einer Dispersion in Isopropanol (1,25 g/L) auf die Oberfläche pipettiert und unter Raumtemperatur getrocknet. Um einen besseren Kontakt zwischen einzelnen Nanodrähten zu gewährleisten, wurden die Solarzellen in einem letzten Ausheizschritt bei 150 °C unter inerten Bedingungen ausgeheizt. Als Referenz wurden Solarzellen mit V_2O_5-Pufferschichten und thermisch sublimierten Aluminium-Elektroden hergestellt.

Ergebnisse und Diskussion

Im Rahmen dieser Untersuchung wurden zwei verschiedene Pufferschichten unterschiedlicher Leitfähigkeit als Lochextraktionsschicht zwischen der Absorberschicht und dem Netzwerk aus Silber-Nanodrähten verwendet. Das verwendete Übergangsmetalloxid V_2O_5 weist eine Leitfähigkeit von weniger als 10^{-3} S/cm auf. Als hoch-leitfähige Alternative wurde dem Polymergemisch PEDOT:PSS ein haftvermittelndes Additiv zugesetzt, das dessen Leitfähigkeit von ca. 750 S/cm auf etwa 550 S/cm reduziert. Durch eine Anpassung der Konzentration der Silber-Nanodrähte in der Dispersion wurden auf den Pufferschichten Silbernetzwerke mit einem Flächenwiderstand von ca. 8,5 $\Omega/\square$ abgeschieden. Die Transparenz der so hergestellten hybriden Elektrodensysteme ist in Abbildung 5.16 dargestellt.

Beide untersuchten flüssig prozessierten *Top*-Kontakte weisen verhältnismäßig hohe Transparenzen von ca. 85% über das gesamte sichtbare Spektrum auf. Da die V_2O_5-Schicht vorwiegend im nahen UV-Bereich absorbiert, nimmt die Transparenz der V_2O_5/AgNW-Elektrode bei Wellenlängen unterhalb von 500 nm ab. Zum Vergleich ist auch die Transmission des verwendeten *Bottom*-Kontaktes aus ITO und ZnO zusammen mit dem 1,1 mm dicken Glassubstrat dargestellt. Dessen Transparenz liegt im sichtbaren Spektralbereich bei 80 - 90% und fällt erst bei kürzeren Wellenlängen

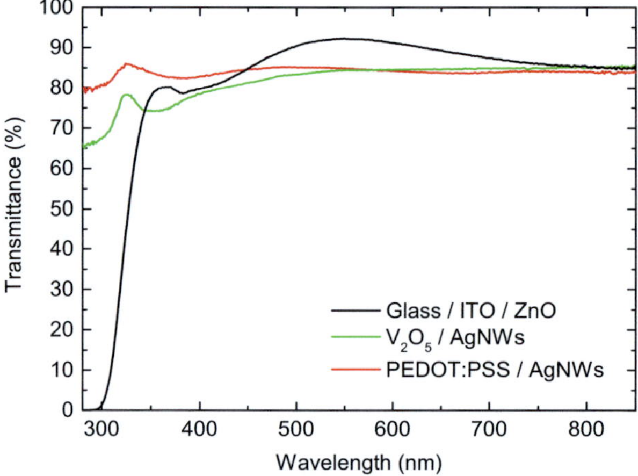

Abbildung 5.16: Totale, um den Einfluss des Glassubstrates korrigierte Transmission der untersuchten hybriden *Top*-Kontakte. Als Referenz ist die Transparenz des verwendeten ITO/ZnO-*Bottom*-Kontaktes einschließlich des Glassubstrates eingezeichnet.

aufgrund der Glasabsorption und der Bandlücken-Absorption der verwendeten Metalloxide deutlich ab.

Abbildung 5.17 zeigt die *j-U*-Kennlinien der hergestellten semitransparenten, invertierten Polymersolarzellen mit verschiedenen *Top*-Kontakten,

Anode	j_{SC} (mA/cm^2)	U_{OC} (V)	FF (%)	η (%)
V$_2$O$_5$/Al	6,9	0,61	56	2,35
V$_2$O$_5$/AgNWs *Bottom*	3,7	0,60	38	0,84
V$_2$O$_5$/AgNWs *Top*	2,4	0,58	42	0,59
PEDOT:PSS/AgNWs *Bottom*	6,3	0,61	60	2,30
PEDOT:PSS/AgNWs *Top*	6,2	0,61	63	2,37

Tabelle 5.2: Photovoltaische Kenngrößen von Polymersolarzellen im Aufbau ITO/ZnO/P3HT:PCBM/Kathode.

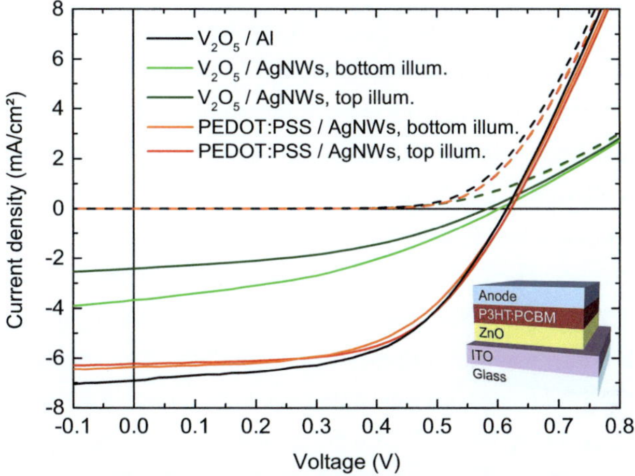

Abbildung 5.17: *j-U*-Kennlinien und schematischer Aufbau der untersuchten semitransparenten P3HT:PCBM-Solarzellen. „*Bottom*" bzw. „*top illum.*" bezeichnen dabei die Kennlinien der durch den *Bottom*- bzw. *Top*-Kontakt bestrahlten Bauteile. Die Dunkel-Kennlinien sind gestrichelt dargestellt.

deren Architektur in einer eingesetzten Skizze dargestellt ist. Ferner sind die wichtigsten photovoltaischen Kenngrößen in Tabelle 5.2 zusammengefasst. Während die Referenzsolarzellen mit opakem *Top*-Kontakt ausschließlich durch die ITO-Kathode bestrahlt wurden, wurden die semitransparenten Solarzellen sowohl durch den ITO- als auch durch den transparenten *Top*-Konktakt bestrahlt und deren *j-U*-Kennlinien aufgenommen. Die Referenzsolarzellen mit Aluminium-Anode weisen Effizienzen von 2,35 % und Photostromdichten von 6,9 mA/cm² auf. Wird die Aluminium-Schicht durch Silber-Nanodrähte ersetzt, geht die Kurzschlussstromdichte auf 3,7 mA/cm² zurück und der Füllfaktor der Solarzelle nimmt aufgrund des gestiegenen Serienwiderstandes deutlich ab. Diese Beobachtung kann wahrscheinlich darauf zurückgeführt werden, dass nur der Photostrom effizient aus der aktiven Schicht extrahiert werden kann, der sehr kurze laterale Wege zu einem Silber-Nanodraht zurücklegen muss. Denn sobald die schlecht leitfähige V_2O_5-Schicht durch eine hochleitfähige PEDOT: PSS-Schicht ersetzt wird, steigen der Photostrom und der Füllfaktor der Solarzelle an und sind ähnlich hoch wie bei Solarzellen mit einer Al-*Top*-Elektrode. Da insbesondere die Kurzschlussstromdichte $j_{SC} = 6,3\,\mathrm{mA/cm}^2$ nahezu gleich hoch wie bei Bauteilen mit Aluminium-Elektrode ist, kann darauf geschlossen werden, dass fast keine Photonen durch den fehlenden reflektierenden *Bottom*-Kontakt bei Solarzellen mit Silber-Nanodrähten verloren gehen. Ferner ist die Photostromdichte bei Solarzellen mit PEDOT:PSS/AgNW-Elektroden für beide Einstrahlungsrichtungen nahezu gleich hoch, was sich durch die sehr ähnliche Transparenz der *Bottom*- und *Top*-Elektroden im relevanten Spektralbereich zwischen 300 nm und 650 nm erklären lässt. Zudem lässt sich beobachten, dass der Füllfaktor ($FF = 63\%$) unter Bestrahlung durch den *Top*-Kontakt signifikant höher ist als bei der Einstrahlung durch den ITO-*Bottom*-Kontakt ($FF = 60\%$). Da dieser Effekt auch bei der Verwendung von reinen PEDOT: PSS-*Top*-Elektroden (Abschnitt 5.3) und in der Literatur beobachtet wurde [148, 149], kann darauf geschlossen werden, dass die unterschiedlichen Füllfaktoren nicht von der Wahl der Elektroden abhängen. Vielmehr liegt der Schluss nahe, dass der beobachtete Effekt auf die Einstrahlungsrichtung zurückzuführen ist, da Photonen vorwiegend in der Nähe der Anode absorbiert werden, wenn die Solarzelle durch den *Top*-Kontakt bestrahlt wird. Da die Mobilität der Elektronen in P3HT:PCBM-Absorberschichten größer als die der Löcher ist [150], kann die Generation freier Ladungsträger in der Nähe des Lochkontaktes als günstiger angenommen werden und damit zu höheren Füllfaktoren führen.

In Abbildung 5.18 sind elektronenmikroskopische Aufnahmen von Bruchkanten der semitransparenten Polymersolarzellen mit AgNW-Elektroden und unterschiedlichen Pufferschichten abgebildet. Die in Abbildung 5.18a dargestellte V_2O_5-Schicht erscheint wesentlich dunkler als die vergleichsweise helle PEDOT:PSS-Pufferschicht in Abbildung 5.18b, was durch die deutlich niedrigere Leitfähigkeit der anorganischen Schicht erklärt wer-

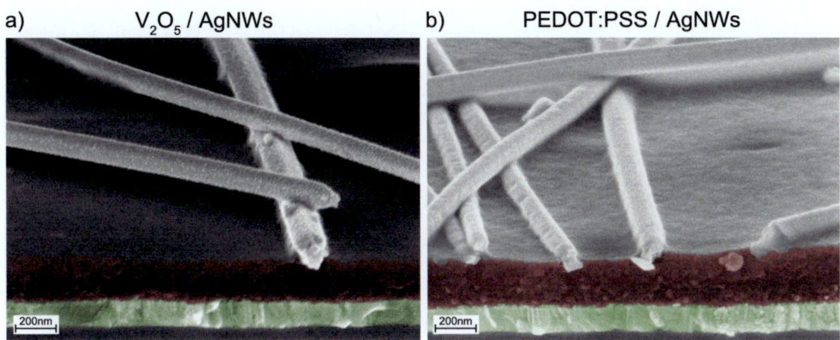

Abbildung 5.18: Rasterelektronenmikroskopische Aufnahmen von semitransparenten Polymersolarzellen mit a) V$_2$O$_5$/AgNW-*Top*-Kontakten und b) PEDOT:PSS/AgNW-*Top*-Kontakten.

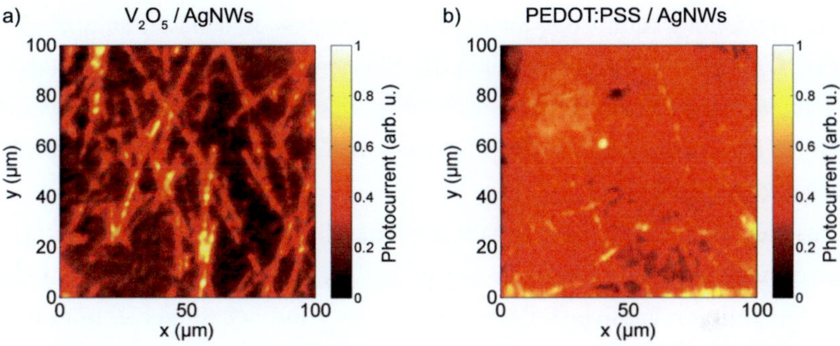

Abbildung 5.19: Örtlich aufgelöste Aufnahmen des normierten Photostromsignals von semitransparenten Polymersolarzellen mit a) V$_2$O$_5$/AgNW-*Top*-Kontakten und b) PEDOT:PSS/AgNW-*Top*-Kontakten.

den kann. Ferner kann man den Aufnahmen entnehmen, dass die Silber-Nanodrähte durch die thermische Nachbehandlung sowohl miteinander verschmolzen sind als auch ausreichenden Kontakt zu der darunter liegenden Pufferschicht aufweisen. Über diese Transportschicht muss der photogenerierte Strom Strecken von bis zu mehreren Mikrometern zurücklegen.

Es wurde daher untersucht, inwiefern die Ladungsträgerextraktion durch die verwendeten anodenseitigen Pufferschichten limitiert wird. Dazu sind in Abbildung 5.19 örtlich aufgelöste Photostrommessungen von Solarzellen mit V_2O_5/AgNW- bzw. PEDOT:PSS/AgNW-*Top*-Kontakten abgebildet. Bei ersteren ist die Verteilung der Beiträge zum Photostrom der Solarzelle sehr inhomogen. Man kann die einzelnen Nanodrähte deutlich an ihrer hellen Farbe erkennen, was dafür spricht, dass photogenerierte Ladungsträger nur in unmittelbarer Umgebung eines Drahtes effizient extrahiert werden können. In den Zwischenräumen sinkt der Photostrom deutlich ab, da die dort extrahierten Ladungsträger nicht zum Stromfluss beitragen. Diese Beobachtung deckt sich damit mit der niedrigeren Kurzschlussstromdichte von Solarzellen mit V_2O_5/AgNW-*Top*-Kontakten. Solarzellen mit PEDOT:PSS-Transportschichten weisen hingegen eine sehr homogene räumliche Verteilung des Photostromes auf. Einzelne Nanodrähte treten in der Darstellung kaum zum Vorschein. Aufgrund der hohen Leitfähigkeit der PEDOT:PSS-Schicht tragen auch die Flächen zwischen einzelnen Nanodrähten effizient zum Stromtransport bei, was sich in der vergleichsweise hohen Kurzschlussstromdichte und den hohen Füllfaktoren dieser Solarzellen widerspiegelt.

Das hier vorgestellte hybride Konzept einer dünnen, hochleitfähigen organischen Schicht und einem flüssig prozessiertem metallischem Netzwerk stellt somit ein aussichtsreiches Konzept für zahlreiche optoelektronische Bauelemente dar und kann insbesondere auch bei anorganischen Einzel- und Tandem-Solarzellen Anwendung finden.

5.5 Diskussion

Die in diesem Kapitel vorgestellten Konzepte und Bauelementarchitekturen können in vielerlei Hinsicht Anwendung in optoelektronischen Bauelementen finden. Das in einer Vielzahl optischer Bauteilen verwendete ITO könnte beispielsweise auch zur Verringerung der Einsatzspannung in invertierten OLEDs eingesetzt werden, bei denen bislang noch hoch dotierte organische oder nanopartikuläre Transportschichten zur verlustfreien Injektion eingesetzt werden [151, 152]. Auch die Übertragung der Ergebnisse auf verwandte oxidische Elektrodenmaterialien wie Fluor-Zinnoxid, das beispielsweise als rückseitige Kathode in farbstoffsensibilisierten Solarzellen eingesetzt wird, wäre vorstellbar. Insbesondere in Solarzellen tritt die beschriebene Senkung der Austrittsarbeit von ITO ohnehin durch die Bestrahlung mit Sonnenlicht ein. Insofern muss dieser Effekt bei der Bewertung von Lichtalterungs- und Stabilitätstests von Solarzellen mit metalloxidischen Elektroden künftig in Betracht gezogen werden.

Auch die untersuchten *Bottom-* und *Top*-Kontakte auf Basis des leitfähigen Polymers PEDOT:PSS bergen großes Potential. So können die hybriden Elektroden aus PEDOT:PSS und vertikalen ZnO-Nanosäulen auch für farbstoffsensibilisierte Solarzellen eingesetzt werden, indem die Säulenlänge durch eine entsprechend verlängerte Abscheidungsdauer angepasst wird. Das Wachstumsverfahren, bei dem die Gestalt der Säulen durch die Morphologie der flüssig prozessierten Wachstumsschicht bestimmt wird, kann zudem für andere Zwecke übernommen werden. Vorstellbar wäre beispielsweise die Verwendung von Nanosäulen als Antireflexschicht in Dünnschichtsolarzellen [153]. Während gesprühte *Top*-Kontakte aufgrund ihrer geringen Transparenz noch weiterer Optimierung hinsichtlich der Depositionsparameter bedürfen, kann die hybride Elektrode auf Basis von PEDOT: PSS und Silber-Nanodrähten bereits in großflächigen Bauteilen eingesetzt werden. So haben Silber-Nanodrähte aufgrund ihrer exzellenten Transparenz und Leitfähigkeit, sowie der einfachen Deposition aus der Flüssigphase bereits Anwendung in kommerziellen Produkten wie *Touchpads* oder *All-In-One*-Computern gefunden, wie die Hersteller LG und Cambrios Anfang des Jahres 2013 mitteilten [154].

6 Hybride CIGS-Solarzellen

Der Fokus dieses Kapitels liegt auf der Untersuchung alternativer Puffer-schichten und Elektroden für CIGS-Solarzellen. So wird zunächst in Unterkapitel 6.1 ein geeigneter transparenter Top-Kontakt gesucht, durch dessen Abscheidung die empfindliche CIGS-Oberfläche bzw. organische Halbleiterschichten möglichst wenig beschädigt werden. Die folgende Evaluation organischer Ladungstransportschichten als Ersatz für typischerweise verwendete toxische Cadmiumsulfid-Pufferschichten wird in Abschnitt 6.2 durchgeführt. Schließlich wird in Unterkapitel 6.3 eine alternative Elektrode präsentiert, die aus der Flüssigphase abgeschieden werden kann und sich für die Herstellung großflächiger Solarzellen eignet.[1]

---

[1]Die hier präsentierten Ergebnisse wurden in Teilen bereits in den Referenzen [155, 156] publiziert.

6.1 Semitransparente Metallelektroden

CIGS-Solarzellen werden im industriellen Maßstab mit kathodenzerstäubten, dotierten ZnO-Elektroden hergestellt, wie in Abschnitt 2.1 beschrieben wird. Diese Methode kann jedoch nur deshalb angewendet werden, weil die empfindliche CIGS-Oberfläche durch die anorganische Pufferschicht CdS vor mechanischen, durch den Depositionsprozess induzierten Schäden geschützt wird. Da im nachfolgenden Abschnitt 6.2 empfindliche organische Pufferschichten untersucht werden, gilt es in dem vorliegenden Unterkapitel eine geeignete *Top*-Kathode zu finden, die durch alternative Beschichtungsmethoden hergestellt wird. Da die untersuchten organischen, niedermolekularen Halbleiter in einer Vielzahl von Lösungsmitteln löslich sind und sich durch die Abscheidung einer flüssig prozessierten Elektrode sehr wahrscheinlich ablösen würden, wurde im Rahmen dieser Arbeit der Versuch unternommen, semitransparente Metallfilme durch thermisches Verdampfen abzuscheiden.

Stand der Technik

Metallische Elektroden wurden bisher aufgrund ihrer niedrigen Transparenz kaum als Kathode für CIGS-Solarzellen eingesetzt. Die bislang einzigen veröffentlichten Experimente wurden im Rahmen defektspektroskopischer Untersuchungen an CIGS-Metall-Übergängen durchgeführt [157–159]. So berichten etwa Dharmadasa *et al.* in Ref. [157] von 4 diskreten Defektniveaus innerhalb der CIGS-Bandlücke, an denen eine Angleichung der Ferminiveaus (*Fermi-Level-Pinning*) auftritt. In diesem Rahmen wurden jedoch stets opake Elektroden aus Silber, Kupfer, Gold oder Aluminium verwendet, sodass der Einfluss der Elektrode auf die photovoltaischen Kenngrößen der Solarzelle unbekannt blieb.

Deshalb werden im Folgenden verschiedene ultradünne Metallfilme als semitransparente Elektroden für CIGS-Solarzellen ohne Pufferschicht untersucht.

Herstellung der Solarzellen

CIGS-Solarzellen wurden im Rahmen dieser Arbeit auf 1 mm dicken *Float*-Glas-Substraten hergestellt. Dazu wurde der Molybdän-*Bottom*-Kontakt am ZSW aufgetragen und die CIGS-Absorberschicht durch mehrstufige Koverdampfung in einer Pilotfertigung der Firma Manz CIGS Technology abgeschieden. Nach der Auftragung der aktiven Schicht wurden die Substrate umgehend unter Stickstoffatmosphäre gebracht und dort gelagert. Die metallischen Elektroden wurden durch thermische Verdampfung bei Depositionsraten von weniger als 5 Å/s aufgebracht.

Ergebnisse und Diskussion

Geeignete Metalle für die Herstellung dünner Metallkathoden für CIGS-Solarzellen müssen neben einer niedrigen Austrittsarbeit vor allem che-

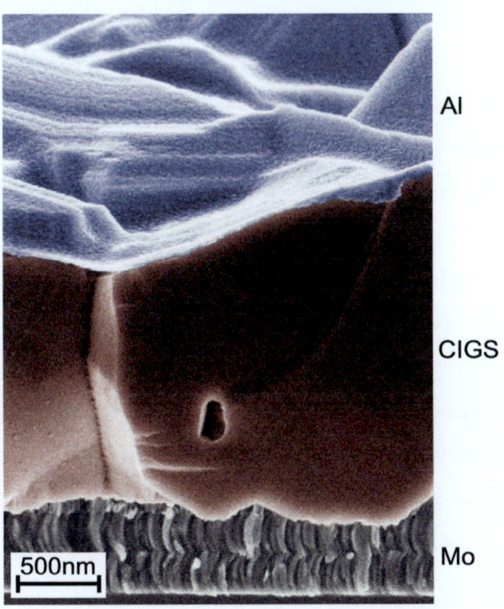

Abbildung 6.1: REM-Aufnahme von einer Bruchkante einer Mo/CIGS/Al-Solarzelle.

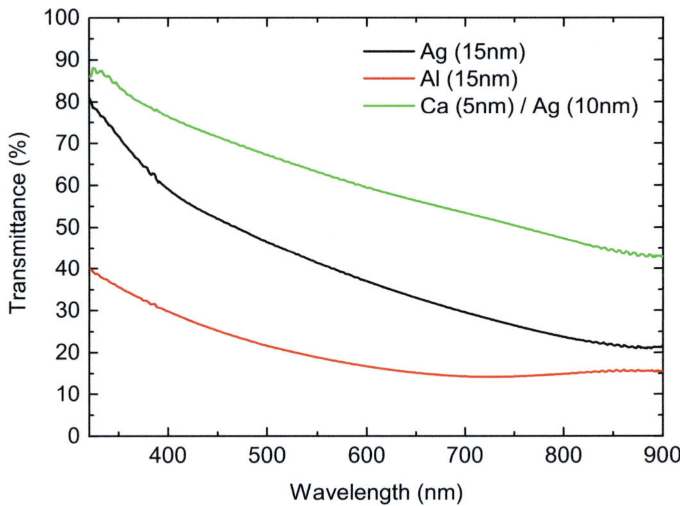

Abbildung 6.2: Um den Einfluss des Glassubstrates korrigierte Transmission dünner Metall-Schichten.

misch stabil sein und sollten bereits bei sehr dünnen nominellen Schichtdicken ausreichend geschlossene Filme auf der rauen polykristallinen CIGS-Oberfläche bilden. So fiel die Wahl auf Calcium, Aluminium und Silber, die niedrige Austrittsarbeiten von 2,87 eV, 4,28 eV bzw. 4,26 eV aufweisen [85]. Hinsichtlich der Filmbildung wurden die Metalle als möglichst dünne Schicht auf CIGS abgeschieden und mikroskopisch untersucht. Anhand der in Abbildung 6.1 gezeigten Aufnahme einer CIGS-Solarzelle mit einer 15 nm dünnen Aluminium-Kathode ist deutlich zu erkennen, dass der Metallfilm gerade dick genug ist, sodass sich ein geschlossener Film bildet. Bei der Verwendung dünnerer Schichten können partiell unbedeckte Stellen auftreten. Daher wurden im Folgenden Metallfilme mit einer Schichtdicke von 15 nm hinsichtlich ihrer Eignung als semitransparente Kathode untersucht.

In Abbildung 6.2 ist die Transparenz verschiedener Metallschichten aufgetragen, die auf flachen Glassubstraten abgeschieden wurden. Die niedrigs-

Kathode	j_{SC} (mA/cm^2)	U_{OC} (V)	FF (%)	η (%)
Ag (15 nm)	15,3	0,21	28	0,96
Al (15 nm)	9,5	0,49	40	1,85
Ca (5 nm) / Ag (10 nm)	9,7	0,39	28	1,08

Tabelle 6.1: Photovoltaische Kenngrößen von CIGS-Solarzellen mit ultradünnen Metall-Kathoden.

te Transmission im sichtbaren Spektralbereich weisen dünne Aluminium-elektroden auf. Silberelektroden besitzen eine deutlich höhere Transparenz, während die höchste Transmission für das Zwei-Schicht-System aus 5 nm Calcium und 10 nm Silber erzielt wurde. Reine Calcium-Elektroden wurden im Rahmen dieser Arbeit aufgrund ihrer hohen Reaktivität nicht untersucht. Die verhältnismäßig geringe Transparenz der Aluminium-Filme lässt sich durch den sogenannten *Skin*-Effekt beschreiben. Betrachtet man die Transmission bei einer Wellenlänge $\lambda = 500 nm$, so sind die untersuchten Schichtdicken deutlich dünner als ein Viertel dieser Wellenlänge. In diesem Fall wird die Transparenz des Films im wesentlichen von dessen *Skin*-Tiefe δ bestimmt, die angibt, wie weit ein Lichtstrahl einer bestimmten Wellenlänge in die Schicht eindringt, bevor er reflektiert wird. Bei dieser Eindringtiefe ist die Intensität des Strahls entsprechend auf $1/e$ ihres Ausgangswertes abgefallen. Die *Skin*-Tiefen bei $\lambda = 500 nm$ betragen für die untersuchten Metalle $\delta_{Al} = 6 nm$ [160], $\delta_{Ag} = 13 nm$ [161] bzw. $\delta_{Ca} = 20 nm$ [161], sodass Lichtstrahlen am stärksten an den Aluminium-Filmen reflektiert werden.

Die j-U-Kennlinien von CIGS-Solarzellen mit verschiedenen ultradünnen Metall-Kathoden sind in Abbildung 6.3 dargestellt und deren photovoltaische Kenngrößen in Tabelle 6.1 zusammengefasst. Entsprechend den zuvor diskutierten Absorptionseigenschaften der dünnen Metallfilme ist die Kurzschlussstromdichte von Solarzellen mit Aluminium-Kathoden am geringsten. Entsprechend höhere Ströme können bei Solarzellen mit Silber-

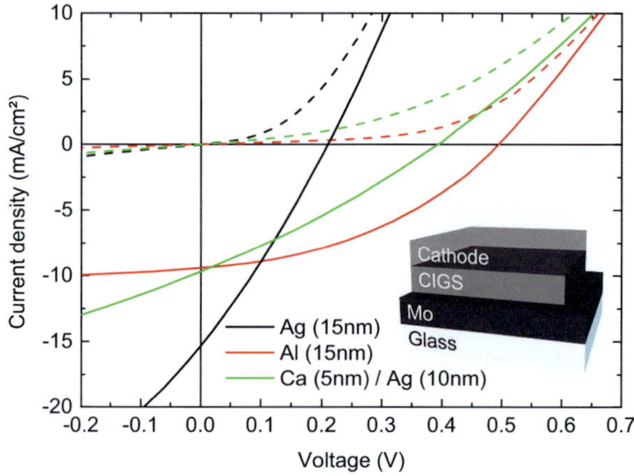

Abbildung 6.3: j-U-Kennlinien und schematischer Aufbau von CIGS-Solarzellen mit dünnen Metall-Kathoden. Die Dunkel-Kennlinien sind gestrichelt dargestellt.

Elektrode beobachtet werden, während Bauteile mit Calcium-Kathoden verhältnismäßig niedrige Photoströme und hohe Serienwiderstände $r_S = 17\,\Omega cm^2$ aufweisen. Letztere beeinflussen nicht nur den Füllfaktor der Zelle, sondern könnten gemäß der Diodengleichung 2.1 auch für den niedrigen Photostrom der Solarzellen verantwortlich sein. Obwohl Calcium unter den betrachteten Kathodenmaterialien die niedrigste Austrittsarbeit besitzt und damit prinzipiell hohe Leerlaufspannungen ermöglichen sollte, weisen Solarzellen mit Calcium-Kathoden nur sehr moderate Leerlaufspannungen von ca. 0,39 V auf. Als mögliche Ursache kann eine grenzflächennahe Oxidation der Calcium-Schicht in Betracht gezogen werden, die zu niedrigeren Leerlaufspannungen und Füllfaktoren führen kann [162]. Auch Solarzellen mit Silber-Kathoden weisen vergleichsweise niedrige Leerlaufspannungen $U_{OC} = 0,21\,V$ auf, die damit um fast 0,3 V niedriger sind als bei der Verwendung von Aluminium-Kathoden, die nominell die gleiche Austrittsarbeit aufweisen. Auch hier könnte eine Oxidation verantwortlich sein, die zu einer Erhöhung der Austrittsarbeit führt [163].

Aufgrund der vergleichsweise hohen Leerlaufspannungen und Füllfaktoren werden in den folgenden grundlagenorientierten Experimenten stets ultradünne Aluminium-Filme als Standardelektrode eingesetzt um die Untersuchung empfindlicher organischer Schichten in hybriden Solarzellen zu ermöglichen.

6.2 Organische Pufferschichten

Organische Halbleitermaterialien sind aufgrund ihrer chemischen Variabilität und günstigen Prozessierbarkeit interessante Kandidaten für den Ersatz der toxischen CdS-Pufferschicht in CIGS-Solarzellen. In diesem Unterkapitel werden deshalb zahlreiche organische Halbleiter hinsichtlich ihrer Eignung als kathodenseitige Puffermaterialien evaluiert. So wird zunächst eine Vorauswahl geeigneter Halbleiter anhand der Leerlaufspannungen hergestellter Solarzellen getroffen. Daraufhin wird beispielhaft ein geeignetes organisches Molekül ausgewählt und hinsichtlich seiner Filmbildung auf CIGS-Absorbern untersucht. Die mit diesem Material hergestellten Hybrid-Solarzellen werden anschließend optoelektronisch charakterisiert.

Stand der Technik

Interessanterweise wird in hocheffizienten CIGS-Solarzellen noch immer CdS als Pufferschicht eingesetzt, das bereits in den ersten photovoltaischen Bauteilen mit $CuInSe_2$-Absorbern zur Ausbildung eines Heteroüberganges verwendet wurde [164]. Seit dieser historischen Entdeckung wurde der Einfluss von CdS auf CIGS intensiv studiert, während parallel aufgrund der Toxizität von CdS umfangreich nach alternativen Pufferschichten gesucht wurde. Eine ausführliche Übersicht über eine Vielzahl der untersuchten Puffermaterialien und deren Abscheidung findet sich in den Referenzen [165–167]. Unter den aussichtsreichsten Materialien finden sich Zinkverbindungen wie Zn(O,S) oder (Zn,Mg)O aber auch Indiumsulfid, die im industriellen Maßstab bereits im chemischen Bad bzw. durch eine *Ion Layer Gas Reaction* aufgetragen werden [167]. Die genannten Abscheidungsverfahren haben gegenüber Vakuum-basierten Prozessen wie der metallorganischen chemischen Gasphasenabscheidung [168] oder der Kathodenzerstäubung [169] den Vorteil, dass die applizierten Puffermaterialien als Nassfilm die CIGS-Oberfläche reinigen und in diese diffundieren können [17]. Insofern erscheint die Verwendung organischer Halbleiter vielversprechend, da die Verwendung zu Druckverfahren kompatibler Flüssigprozesse gleichermaßen eine spätere Hochskalierung bis hin zu einer Umsetzung in einem Rolle-zu-Rolle-Verfahren erlaubt. So mag es zunächst verwundern, dass bislang nur sehr wenige Versuche unternommen wurden, organische Halbleiter als Pufferschicht in der industriell relevanten, in Abbildung 2.1 gezeigten, Bauelementarchitektur zu verwenden. In einem ersten Versuch wurde zwar das n-halbleitende Polymer Poly(Benzimidazobenzophenanothrolin) erfolgreich als Pufferschicht eingesetzt, vor dessen Abscheidung muss die CIGS-Schicht jedoch in ein Cadmium-haltiges Bad getaucht werden, sodass die Solarzelle letztendlich nicht als Cadmium-frei bezeichnet werden kann. In der vorliegenden Arbeit werden deshalb organische Halbleiter gesucht, die die Herstellung hybrider CdS-freier CIGS-Solarzellen ohne vorherige Oberflächenbehandlung ermöglichen.

Herstellung der Solarzellen

Molybdän-*Bottom*-Kontakte und CIGS-Absorberschichten für hybride Solarzellen wurden, wie im vorangegangenen Unterkapitel 6.1 beschrieben, bei den Projektpartnern ZSW und Manz CIGS Technology hergestellt. Die untersuchten organischen Halbleiter, deren Trivialnamen im Abkürzungsverzeichnis auf Seite 141 zu finden sind, wurden bis auf wenige Ausnahmen in dem unpolaren Lösungsmittel Toluol in einer Konzentration von 5 g/L gelöst und bei 2000 UPM aufgeschleudert. Lediglich das n-halbleitende Molekül NTCDA wurde aus dem Lösungsmittel Dimethylformamid in gleicher Konzentration abgeschieden. Thermisch sublimierte BuPBD-Puffer wurden im Hochvakuum mit einer nominellen Dicke von 30 nm hergestellt. Als Elektroden wurden 15 nm dünne Aluminium-Schichten thermisch verdampft.

Ergebnisse und Diskussion

Da bislang nur sehr wenige organische Halbleiter als Puffermaterialien in CIGS-Solarzellen untersucht wurden, und daher nur bedingt bestimmte Materialklassen ausgeschlossen werden konnten, wurde eine Selektion im Rahmen dieser Arbeit nur anhand der LUMO-Niveaus der Halbleiter vorgenommen. So wurden nur organische Moleküle verwendet, deren LUMO-Energie energetisch höher als das Leitungsband von CIGS ist, das ca. 4 eV unterhalb des Vakuum-Niveaus liegt [170]. Abbildung 6.4 zeigt die gemessenen und gemittelten Leerlaufspannungen von CIGS-Solarzellen mit verschiedenen organischen Pufferschichten.

So fällt zunächst auf, dass organische Halbleiter mit einer hohen Elektronenaffinität wie PCBM oder NTCDA nur zu sehr geringen Leerlauf-

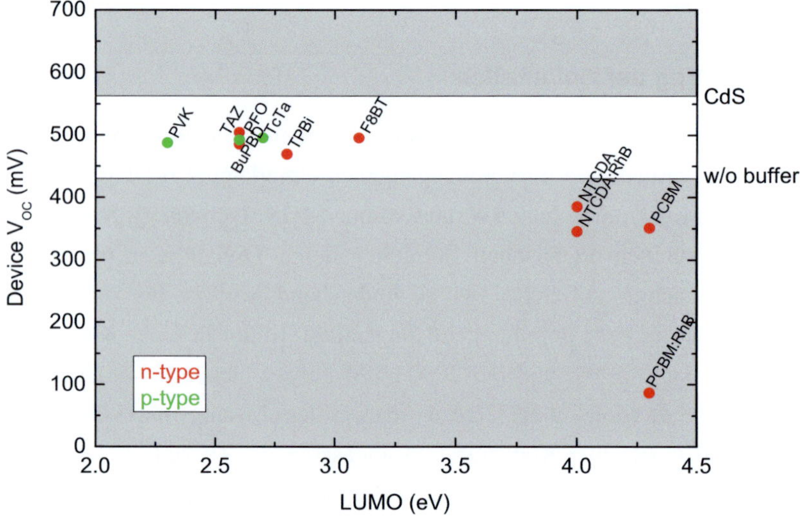

Abbildung 6.4: Leerlaufspannungen von hybriden CIGS-Solarzellen mit verschiedenen n- bzw. p-halbleitenden organischen Puffermaterialien. Zur Orientierung sind die Leerlaufspannungen von Bauteilen ohne Puffer- bzw. mit CdS-Pufferschichten als horizontale Linien eingezeichnet.

spannungen führen, die sogar noch niedriger sind als die von Solarzellen ohne Pufferschicht. Dies kann darauf zurückzuführen sein, dass photogenerierte Elektronen beim Übergang von CIGS auf die Pufferschicht auf das niedriger gelegene Potential des LUMO-Niveaus übergehen. Ein solcher im Englischen als *Cliff* bezeichneter Halbleiterübergang kann zu niedrigeren Leerlaufspannungen und Füllfaktoren führen [18]. Um das Ferminiveau im Elektronenleiter anzuheben und damit potentiell die Leerlaufspannung der Zelle zu steigern, wurden daher die beiden Elektronenleiter mit kationischen Farbstoffen dotiert [171]. Da das LUMO-Niveau des Dotanden RhB höher als das LUMO-Niveau des Wirtsmaterials liegt, gehen durch Licht angeregte Elektronen auf den Wirt über. Ein Rücktransfer des Elektrons in das HOMO des Dotanden wird durch eine Hybrid-Transfer-Reaktion eines negativen Wasserstoffions auf ein anderes Wirtsatom verhindert, wodurch insgesamt eine n-Dotierung des Wirtmaterials hervorgeht [172]. Wie aus Abbildung 6.4 hervorgeht, wirkt sich die Dotierung jedoch nachteilig auf die Leerlaufspannung der Solarzelle aus, was auf eine durch die Erhöhung der Zustandsdichte im Puffermaterial erhöhte Grenzflächenrekombination hindeuten kann.

Infolgedessen wurden weitere undotierte organische Transportschichten untersucht, die eine niedrigere Elektronenaffinität als CIGS aufweisen. Überraschenderweise weisen Hybrid-Solarzellen mit organischen Puffermaterialien, deren LUMO-Niveau höher als ca. 3 eV liegt, nahezu identische Leerlaufspannungen von ca. 0,5 V auf, die damit höher sind als die vergleichbarer Solarzellen ohne Pufferschicht. Diese Beobachtungen stehen zunächst im Widerspruch zu Simulationen, die für derart hohe Unterschiede in den Elektronen-Transportniveaus (engl. *Spike*) verminderte Leerlaufspannungen voraussagen [18]. Ferner konnten bei der Verwendung von n- oder p-halbleitenden Halbleitermaterialien keine Unterschiede hinsichtlich der Leerlaufspannung der Solarzellen festgestellt werden. Eine mögliche Erklärung für diese vermeintlichen Unvereinbarkeiten könnte einerseits die geringe Schichtdicke der organischen Puffer sein, die ein Tunneln

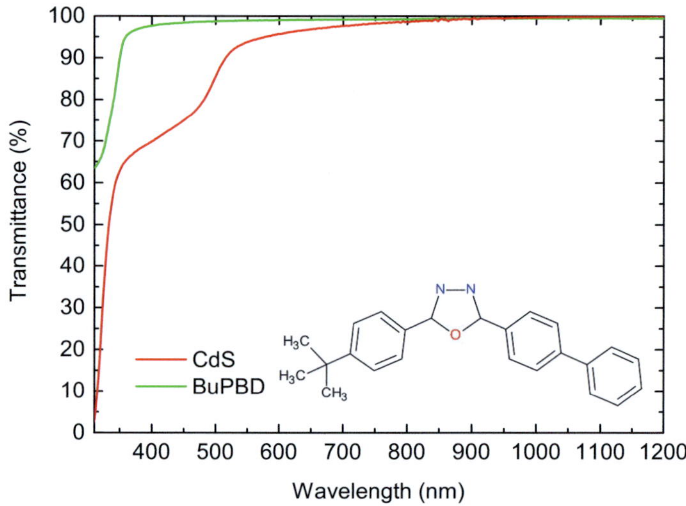

Abbildung 6.5: Totale, um den Einfluss des Glassubstrates korrigierte Transmission von aufgeschleuderten 15 nm dicken BuPBD bzw. 60 nm dicken CdS-Schichten. Weiterhin ist die chemische Struktur von BuPBD dargestellt.

der Ladungsträger ermöglichen könnte. Auch Defektzustände innerhalb der Bandlücke der organischen Halbleiter, die durch die Abscheidung der Kathode erzeugt werden können [173], oder Grenzflächendipole [174, 175] könnten die Ursache für einen weitgehend ungehemmten Ladungstransport sein.

Um die Ursache für das beobachtete Verhalten zu ergründen, wurde exemplarisch der n-halbleitende, niedermolekulare Halbleiter BuPBD untersucht, der eine hohe Bandlücke von 3,7 eV aufweist [176]. Die Transparenz und chemische Struktur des Materials ist in Abbildung 6.5 dargstellt. Während das als Referenzmaterial verwendete CdS bereits Wellenlängen unterhalb von 500 nm absorbiert, weist BuPBD aufgrund seiner höheren Bandlücke eine exzellente Transparenz im gesamten sichtbaren Spektralbereich auf und stellt daher ein vielversprechendes Puffermaterial dar.

Im Folgenden wurden CIGS-Solarzellen mit verschiedenen Puffer-

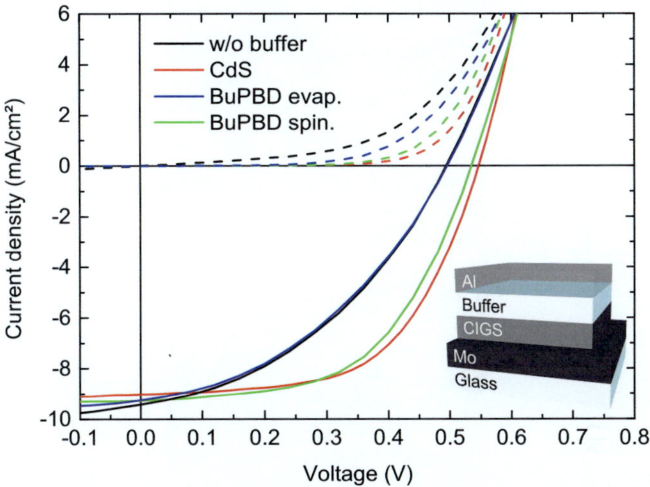

Abbildung 6.6: *j-U*-Kennlinien und schematische Skizze der Bauelementarchitektur von CIGS-Solarzellen mit thermisch verdampften bzw. aufgeschleuderten BuPBD- oder CdS-Pufferschichten im Vergleich zu Solarzellen ohne Pufferschicht. Die Dunkel-Kennlinien sind gestrichelt dargestellt.

Pufferschicht	j_{SC} (mA/cm^2)	U_{OC} (V)	FF (%)	η (%)
keine Pufferschicht	9,5	0,50	40	1,8
CdS	9,0	0,55	58	2,8
BuPBD sublimiert	9,3	0,50	40	1,8
BuPBD aufgeschleudert	9,3	0,54	55	2,7

Tabelle 6.2: Photovoltaische Kenngrößen von CIGS-Solarzellen in der Architektur Mo/CIGS/Pufferschicht/Al.

Schichten hergestellt und charakterisiert. Die Kennlinien dieser Bauteile sind in Abbildung 6.6 dargestellt und die wichtigsten photovoltaischen Kenngrößen sind in Tabelle 6.2 zusammengefasst. Solarzellen mit CdS-Pufferschichten weisen die höchsten Effizienzen von 2,8% aufgrund ihrer hohen Leerlaufspannungen $U_{OC} = 0,55\,V$ und Füllfaktoren $FF = 58\%$ auf.

Abbildung 6.7: REM-Aufnahmen von CIGS-Oberflächen, die a) unbedeckt bzw. b) mit thermisch verdampften BuPBD-Schichten oder c) aufgeschleuderten BuPBD-Schichten bedeckt sind.

Die im Vergleich zu typischerweise mit ZnO-Elektroden erzielten moderaten Leerlaufspannungen können auf die niedrige Transparenz der *Top*-Kathode zurückgeführt werden. Um den Einfluss der Abscheidungsmethode der Pufferschicht auf die Funktion der Solarzelle zu untersuchen, wurde die organische BuPBD-Pufferschicht zum Vergleich durch Aufschleudern oder thermisches Verdampfen aufgetragen. So weisen hybride Solarzellen mit aufgeschleuderten BuPBD-Schichten hohe Wirkungsgrade von 2,7%

auf. Während die Leerlaufspannungen und Füllfaktoren der Solarzellen geringfügig niedriger als die vergleichbarer Bauteile mit CdS-Pufferschichten sind, ist deren Photostrom hingegen etwas höher als der von Referenzsolarzellen mit CdS-Schichten. Dies kann auf die höhere Transparenz der verwendeten BuPBD-Schicht zurückgeführt werden. Verglichen mit Solarzellen ohne Pufferschicht weisen Bauteile mit aufgeschleuderter BuPBD-Schicht signifikant höhere Leerlaufspannungen und Füllfaktoren auf. Wird die BuPBD-Schicht hingegen thermisch sublimiert, so verschwindet der bei aufgeschleuderten Puffern beobachtete positive Effekt gegenüber Solarzellen ohne Pufferschicht. Insofern liegt der Schluss nahe, dass sich die Filmbildungsprozesse bei den untersuchten Depositionsmethoden deutlich unterscheiden.[2]

Um den Einfluss des Abscheidungsprozesses auf die Ausbildung der Pufferschicht zu untersuchen, wurden elektronenmikroskopische Aufnahmen der Pufferschichten angefertigt, die in Abbildung 6.7 dargestellt sind. Abbildung 6.7a zeigt zunächst die unbedeckte raue CIGS-Oberfläche. Thermisch verdampftes BuPBD, das in Abbildung 6.7b als dunkle Flecken zu erkennen ist, wird beim Sublimationsprozess nahezu willkürlich auf der Oberfläche verteilt und bedeckt die CIGS-Oberfläche nur unzureichend. Auf flacheren CIGS-Körnern können sich zwar teilweise zusammenhängende BuPBD-Inseln ausbilden, ein Großteil der Oberfläche ist jedoch unbedeckt. Diese Beobachtung deckt sich insofern mit der Tatsache, dass sich die Kennlinien der Solarzellen ohne Pufferschicht kaum von denen der hybriden Solarzellen mit sublimiertem BuPBD unterscheiden. Wird die Pufferschicht hingegen aus der Flüssigphase abgeschieden (Abbildung 6.7c), so sammelt sich der Halbleiter vorwiegend in den Vertiefungen zwischen einzelnen CIGS-Körnern an. Auf den Spitzen der Körner ist das Puffermaterial jedoch nicht oder nur kaum zu erkennen. Durch diese unvollständi-

---

[2]Die leichten Abweichungen gegenüber den in Abbildung 6.4 dargestellten Leerlaufspannungen ergeben sich aus der Tatsache, dass die Absorberdeposition beim Hersteller Manz CIGS Technology zwischen den beiden verwendeten Chargen umgestellt wurde.

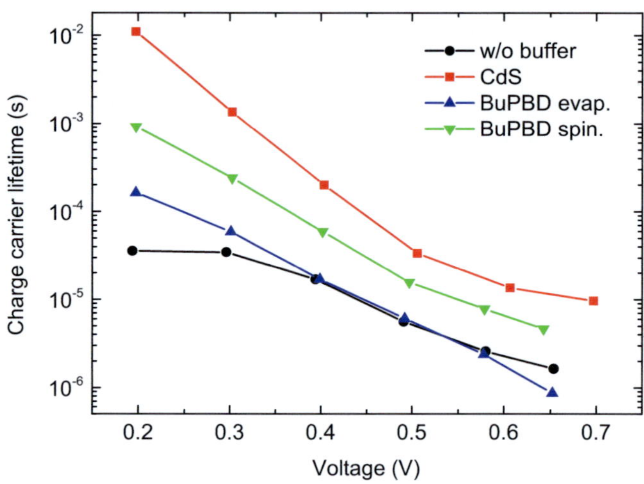

Abbildung 6.8: Ladungsträgerlebensdauer τ von CIGS-Solarzellen mit thermisch verdampften bzw. aufgeschleuderten BuPBD- oder CdS-Pufferschichten im Vergleich zu Solarzellen ohne Pufferschicht.

ge Bedeckung der Oberfläche lässt sich nunmehr erklären, warum BuPBD trotz seiner niedrigen Elektronenaffinität keine energetische Barriere für photogenerierte Elektronen darstellt.

Im Folgenden wurden Lebensdauermessungen der injizierten Ladungsträger durchgeführt um eine mögliche Erklärung für den positiven Einfluss flüssig prozessierter BuPBD-Pufferschichten auf die Effizienz von CIGS-Solarzellen zu finden. Abbildung 6.8 zeigt die über impedanzspektroskopische Messungen ermittelten Lebensdauern als Funktion der angelegten Spannung. So zeigt sich, dass die Ladungsträger-Lebensdauer am geringsten in Solarzellen ohne Pufferschicht bzw. mit sublimierten BuPBD-Puffern ist. Durch die Verwendung eines aufgeschleuderten BuPBD-Puffers wird die Lebensdauer deutlich erhöht, wenngleich die höchsten Lebensdauern bei Solarzellen mit CdS-Schichten gemessen wurden. Diese Ergebnisse legen den Schluss nahe, dass das in den Vertiefungen der CIGS-Oberflächen angelagerte BuPBD effizient zur Reduktion der Oberflächenrekombination an oberflächennahen CIGS-Korngrenzen beiträgt und damit eine höhere Ladungsträgerlebensdauer verglichen mit Solarzellen ohne Puffer ermöglicht. Wie bereits bei vergleichbaren anorganischen, polykristallinen Dünnschichtsolarzellen festgestellt wurde [177], könnte der organische Halbleiter auch bei CIGS-Solarzellen zur Passivierung von Kurzschlüssen entlang vertikaler Korngrenzen beitragen.

Damit wurden im Rahmen dieser Arbeit positive Einflüsse organischer Halbleiter auf die Funktion von CIGS-Solarzellen nachgewiesen und bei der Verwendung dünner Aluminium-Elektroden Effizienzen erzielt, die mit denen von Bauteilen mit CdS-Pufferschichten vergleichbar sind. Die verwendeten dünnen Aluminium-Elektroden beschädigen zwar nicht die darunter liegenden organischen Puffermaterialien, weisen jedoch nur eine verhältnismäßig niedrige Transparenz im optischen Spektralbereich auf. Deshalb wurde ferner untersucht, inwiefern sich kathodenzerstäubte ZnO:Al-Kontakte für die Herstellung von hocheffizienten Hybridsolarzellen mit organischen Pufferschichten eignen. Zur Herstellung der *Top*-Kontakte wurde am ZSW eine für Polymersolarzellen optimierte transparente Elektrode aus Lithium-Cobalt(III)-oxid (LiCoO$_2$)/Al/ZnO:Al abgeschieden [178].

Die Stromdichte-Spannungs-Kennlinien der so hergestellten Solarzellen sind in Abbildung 6.9 dargestellt. Während Solarzellen mit CdS-Pufferschichten hohe Leerlaufsspannungen von ca. 0,6 V aufweisen, können bei Solarzellen mit BuPBD-Pufferschichten nur geringfügig höhere Leerlaufspannungen als bei vergleichbaren Solarzellen ohne Pufferschicht gemessen werden. Zudem weisen Solarzellen ohne CdS-Schicht deutlich erhöhte Dunkelströme auf.

Deshalb wurden elektronenmikroskopische Aufnahmen von Bruchkanten der so hergestellten Hybridsolarzellen angefertigt, die in Abbildung 6.10 zu sehen sind. Der organische Halbleiter BuPBD ist darin als dunkle Flecken zu erkennen, die offenbar mit der ZnO:Al-Schicht verschmolzen sind. Es ist somit anzunehmen, dass der organische Halbleiter durch die hohe Prozesstemperatur von ca. 200 °C bei der Abscheidung der Elektrode de-

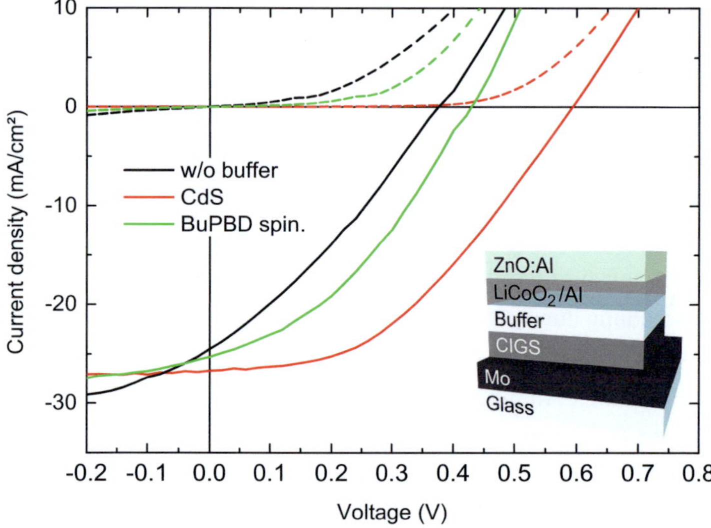

Abbildung 6.9: *j-U*-Kennlinien und schematische Skizze der Bauelementarchitektur von CIGS-Solarzellen mit verschiedenen Pufferschichten und kathodenzerstäubten Frontkontakten aus LiCoO$_2$/Al/ZnO:Al. Die Dunkel-Kennlinien sind gestrichelt dargestellt.

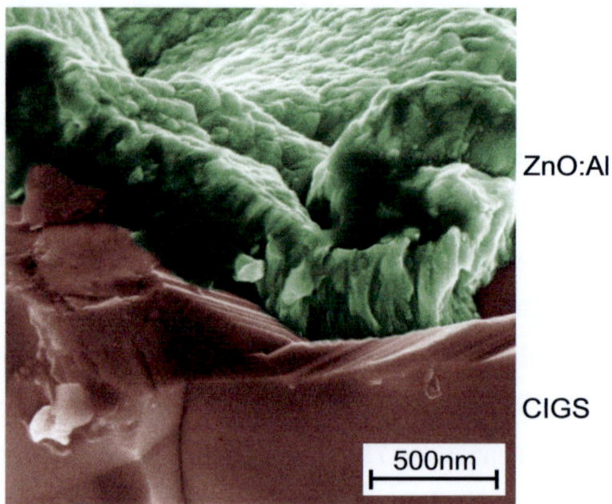

Abbildung 6.10: REM-Aufnahme von Hybridsolarzellen in der Architektur Mo/ CIGS/BuPBD/LiCoO$_2$/Al/ZnO:Al.

formiert wurde und eine Verbindung mit dieser eingegangen ist. Infolgedessen tritt die Elektrode in direkten Kontakt mit der CIGS-Schicht, wodurch der Parallelwiderstand der Zelle abgesenkt wird und der Dunkelstrom der Solarzellen erhöht wird. Somit müssen für eine industrielle Implementation der untersuchten Materialien künftig geeignete Elektrodensysteme gefunden werden, die über kompatible Depositionsverfahren abgeschieden werden können und gleichermaßen eine energetische Anpassung an die CIGS- bzw. Puffer-Oberfläche ermöglichen.

6.3 Flüssig prozessierte Elektroden

Für die Herstellung perspektivisch vollständig druckbarer Dünnschichtsolarzellen müssen neben dem Absorbermaterial und den Funktionsschichten auch die transparenten Elektroden in skalierbare Flüssigprozesse überführt werden. Dazu wird in diesem Abschnitt die bereits in Unterkapitel 5.4 erfolgreich in Polymersolarzellen implementierte Hybridelektrode aus einem selbstorganisierten Metallnetzwerk und einer leitfähigen Polymerschicht für CIGS-Solarzellen adaptiert. Während dieses Elektrodensystem bei Polymersolarzellen aufgrund seiner hohen Austrittsarbeit als Lochkontakt verwendet wurde, wird in diesem Abschnitt eine n-dotierte Anpassungsschicht eingefügt, die die Verwendung der Kompositelektrode als transparente Kathode ermöglicht.

Stand der Technik

Die Abscheidung transparenter Elektroden aus der Flüssigphase wurde bereits für eine Reihe anorganischer Dünnschichtsolarzellen demonstriert. Während Kohlenstoff-basierte Elektroden aus Graphen in Cadmium-Tellurid-Solarzellen [179] oder Kohlenstoffnanoröhrchen in CIGS-Solarzellen [180] signifikant niedrigere Effizienzen als Referenzsolarzellen mit Vakuum-prozessierten Elektroden aufweisen, konnten mit Kompositen aus Silber-Nanodrähten bereits gute Ergebnisse erzielt werden [181, 182]. Diese wurden als Elektrode für flüssig prozessierte Kupfer-Indium-Selenid-Solarzellen eingesetzt, indem sie in eine Matrix aus ITO-Nanopartikeln eingebettet wurden [182]. Eine Alternative um den Einsatz und die Synthese von ITO-Nanopartikeln zu umgehen, stellt der bereits in Unterkapitel 5.4 verfolgte Ansatz dar, in dem eine flächige Ladungsträgerextraktion durch das leitfähige Polymergemisch PEDOT:PSS und der laterale Abtransport durch ein selbstorganisiertes Silber-Nanodraht-Netzwerk gewährleistet werden. Um den photogenerierten Strom verlustfrei durch die PEDOT:PSS-Elektrode, die eine hohe Austrittsarbeit aufweist, zu extrahieren, wurden im Rahmen dieser Arbeit verschiedene Vakuum- und flüssig prozessierte Anpassungsschichten untersucht.

Herstellung der Solarzellen

Bei den in diesem Unterkapitel untersuchten Solarzellen wurden bei der Firma Manz CIGS Technology koverdampfte CIGS- und im chemischen Bad abgeschiedene CdS-Schichten verwendet. Für Referenzsolarzellen wurden dort ebenfalls *Top*-Kontakte aus kathodenzerstäubtem i-ZnO und ZnO:Al abgeschieden. Um eine Rekombination der Ladungsträger zu ermöglichen, wurden nominell 2 nm Silber thermisch verdampft oder intrinsisches ZnO aus der Flüssigphase abgeschieden, das zur besseren Unterscheidung von dem kathodenzerstäubten i-ZnO als s-ZnO bezeichnet wird. Dazu wurde eine gefilterte, 70 °C warme ZAAH-Lösung (60 g/L in Ethanol) zweimal übereinander auf das auf 120 °C erhitzte, drehende Substrat aufgetragen. Nach jedem Abscheidungsprozess wurde der Präkursor durch eine thermische Behandlung bei 120 °C in ZnO umgesetzt. Als flüssig prozessierte *Top*-Elektrode wurde eine Elektrode aus PEDOT:PSS und Silber-Nanodrähten wie in Unterkapitel 5.4 abgeschieden. Um die ZnO-Pufferschicht nicht zu beschädigen, wurde in diesen Experimenten hingegen eine pH-neutralisierte Variante der hochleitfähigen PEDOT:PSS-Formulierung Clevios PH1000 verwendet.

Ergebnisse und Diskussion

Aufgrund der in Abschnitt 6.2 beobachteten teilweise unzureichenden Benetzungseigenschaften organischer Halbleiter auf der rauen CIGS-Oberfläche wurde zunächst untersucht, inwiefern sich die verwendeten Materialien als homogene Schichten abscheiden lassen. Abbildung 6.11 zeigt eine elektronenmikroskopische Aufnahme einer Solarzellenbruchkante, bei der s-ZnO, PEDOT:PSS und Silber-Nanodrähte auf einer Mo/CIGS/CdS-Solarzelle abgeschieden wurden. Wenn bei der Abscheidung sowohl darauf

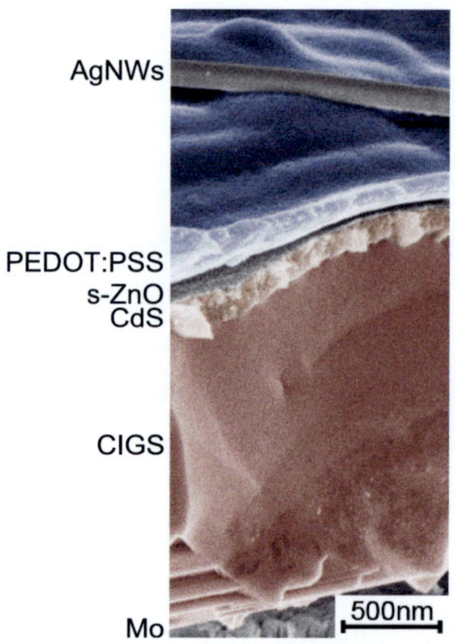

Abbildung 6.11: Elektronenmikroskopische Aufnahme einer Solarzellenbruchkante in der Architektur Mo/CIGS/CdS/s-ZnO/PEDOT:PSS/AgNWs. Der Betrachtungswinkel beträgt $70°$.

geachtet wurde, dass sich sowohl die ZnO-Präkursor-Lösung als auch das Substrat auf einer erhöhten Temperatur befinden, bildet s-ZnO einen homogenen, geschlossenen Film auf der rauen Oberfläche. Das daraufhin abgeschiedene PEDOT:PSS bildet einerseits einen homogenen Film und löst andererseits aufgrund seiner pH-Neutralität die darunter liegende s-ZnO-Schicht nicht ab. Schließlich sind die Silber-Nanodrähte durch die milde, thermische Behandlung ausreichend mit der PEDOT:PSS-Schicht verbunden.

 Um den Lochleiter PEDOT:PSS, der eine Austrittsarbeit von ca. 5 eV aufweist [88], als Kathode zu verwenden, wurden zunächst verschiedene Möglichkeiten evaluiert, um den elektronengetragenen Photostrom verlustfrei durch eine Rekombinationszone in einen Löcherstrom zu konvertieren. Abbildung 6.12 zeigt die j-U-Kennlinien von Solarzellen mit PEDOT:PSS/AgNW-Elektroden und unterschiedlichen Rekombinationsschichten.

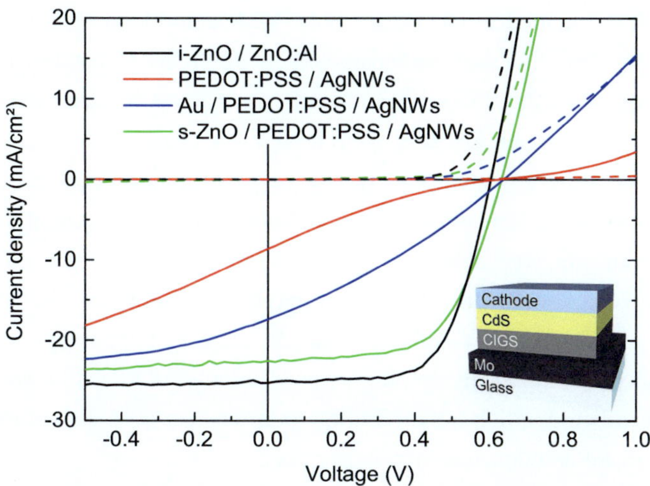

Abbildung 6.12: j-U-Kennlinien und schematischer Aufbau von CIGS-Solarzellen mit Vakuum- und flüssig prozessierten *Top*-Kontakten. Die Dunkel-Kennlinien sind gestrichelt dargestellt.

Kathode	j_{SC} (mA/cm²)	U_{OC} (V)	FF (%)	η (%)	r_S Ωcm²
i-ZnO/ZnO:Al	25,3	0,60	64	9,7	2,6
PEDOT:PSS/AgNWs	8,6	0,63	18	1,0	846,4
Au/PEDOT:PSS/AgNWs	17,4	0,64	30	3,4	26,7
s-ZnO/PEDOT:PSS/AgNWS	22,5	0,63	60	8,6	3,3

Tabelle 6.3: Photovoltaische Kenngrößen von CIGS-Solarzellen in der Architektur Mo/CIGS/CdS/Kathode.

In Tabelle 6.3 sind zudem wichtige photovoltaische Kenngrößen aufgelistet. Zunächst lässt sich erkennen, dass alle untersuchten flüssig prozessierten Elektroden hohe Leerlaufspannungen von über 0,6 V aufweisen. So lässt sich selbst ein Übergang zwischen dem n-halbleitenden CdS und PEDOT:PSS ohne Spannungsverlust als Rekombinationszone verwenden, wenngleich der Füllfaktor der Solarzellen aufgrund des hohen Serienwiderstandes sehr niedrig ist. Dieser hohe Widerstand kann darauf zurückgeführt werden, dass die Zustandsdichte innerhalb der Rekombinationszone zu niedrig ist [59, 183], wodurch der Strom unter Injektionsbedingungen ($U > U_{OC}$) kaum ansteigt. Eine höhere Zustandsdichte in dieser Zone kann hergestellt werden, indem z.B. nanopartikuläre Edelmetall-Inseln durch thermisches Verdampfen in die Rekombinationszone eingeführt werden. Durch die Verwendung von Gold-Inseln steigt zwar der Füllfaktor der Solarzelle von 18 auf 30% an, der maximale Photostrom der Solarzelle wird jedoch erst unter Anlegen höherer negativer Spannungen erreicht. Verwendet man hingegen eine flüssig prozessierte ZnO-Schicht, so weisen die Solarzellen deutlich höhere Füllfaktoren von ca. 60% auf. Somit können CIGS-Solarzellen mit Wirkungsgraden von 8,6% hergestellt werden, die damit fast an die Effizienz vergleichbarer Solarzellen mit kathodenzerstäubten ZnO-Kontakten heranreichen.[3] Damit stellen sich die aus der Flüssigphase abgeschiedenen s-ZnO/PEDOT:PSS/AgNW-Kathoden als geeignete *Top*-Kontakte heraus, während die weniger effizienten Elektrodenkonzepte nicht weiter verfolgt werden.

Die geringfügig niedrigere Effizienz der Solarzellen mit flüssig prozessierten Elektroden ist auf deren niedrigere Photostromdichte zurückzuführen. Daher wurde die Transparenz der verwendeten Elektrodensysteme untersucht, die in Abbildung 6.13 dargestellt ist. Kathodenzerstäubte ZnO-Elektroden weisen eine hohe Transparenz im sichtbaren Spektralbereich auf. Durch Dünnschichtinterferenzen sind in diesem Wellenlängenbereich ausgeprägte Minima und Maxima zu erkennen. Bei Wellenlängen unterhalb von 400 nm setzt schließlich die starke Bandlücken-Absorption von ZnO ein. Das durch Flüssigphasenprozesse hergestellte Elektrodensystem aus s-ZnO/PEDOT:PSS/AgNWs weist hingegen eine ausgewogene Transparenz im sichtbaren und sogar im nahen UV-Bereich auf, da die verwen-

---

[3]Die Effizienzen der hergestellten Solarzellen liegen aufgrund des nicht-optimierten Layouts und des dadurch niedrigeren Füllfaktors hinter denen hocheffizienter CIGS-Solarzellen zurück. Auch die Verwendung dünnerer Glassubstrate kann zu niedrigeren Effizienzen führen, wenn dadurch der Natrium-Gehalt der Absorberschicht beeinflusst wird [184].

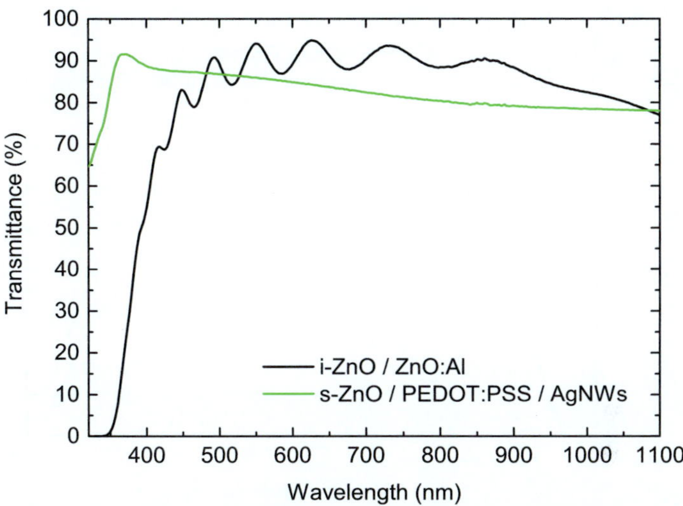

Abbildung 6.13: Totale, um den Einfluss des Glassubstrates korrigierte Transmission der untersuchten flüssig prozessierten *Top*-Kontakte für CIGS-Solarzellen.

dete ZnO-Schicht vergleichsweise dünn ist.

Obwohl die Transparenz der flüssig prozessierten Elektroden im nahen UV-Bereich deutlich höher als die vergleichbarer ZnO-basierter Elektroden ist, wurden bei Solarzellen mit PEDOT:PSS/AgNW-Elektroden geringfügig niedrigere Photoströme beobachtet als bei Solarzellen mit ZnO:Al-Elektroden. Um die Ursache hierfür zu ergründen, wurden Quanteneffizienzmessungen durchgeführt, die in Abbildung 6.14 dargestellt sind. Tatsächlich ist die Quanteneffizienz von Solarzellen mit Elektroden, die aus der Flüssigphase abgeschieden wurden, für kurze Wellenlängen unterhalb von 550 nm höher als die der Referenzsolarzellen. Für höhere Wellenlängen weisen dann Solarzellen mit ZnO:Al-Elektroden die höhere Quanteneffizienz auf, unter anderem weil die parasitäre Absorption von PEDOT:PSS in diesem Spektralbereich sichtlich zunimmt.

Wenngleich die hier vorgestellten Hybrid-Solarzellen mit flüssig prozessierten Elektroden eine geringfügig niedrigere Effizienz als Referenzbau-

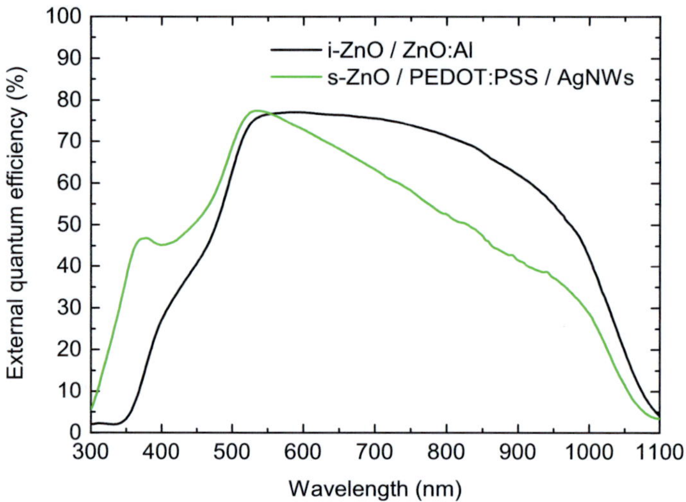

Abbildung 6.14: Externe Quanteneffizienz von CIGS-Solarzellen mit flüssig bzw. Vakuum-prozessierten *Top*-Kontakten.

teile mit kathodenzerstäubten ZnO-Elektroden aufweisen, so bietet der vorgestellte Prozess eine aussichtsreiche Perspektive für eine kostengünstige und skalierbare Herstellung transparenter Elektroden für effiziente Dünnschichtsolarzellen.

6.4 Diskussion

Der Trend in der Dünnschichtphotovoltaik geht hin zu kostengünstigen Abscheidungsprozessen auf flexiblen Substraten, wie die Empa - *Swiss Federal Laboratories for Materials Science and Technology* durch die Herstellung höchsteffizienter CIGS-Solarzellen auf Kunststofffolien jüngst unter Beweis gestellt haben [8]. In diesem Kapitel wurden hybride Konzepte für CIGS-Einzelsolarzellen vorgestellt um perspektivisch durch den Einsatz organischer Halbleitermaterialien günstigere, lösungsbasierte Abscheidungsprozesse zu ermöglichen. Die untersuchten Solarzellen mit organischen, niedermolekularen Puffermaterialien zeigten dabei vielversprechende Effizienzen, die vergleichbar mit denen von Referenzsolarzellen mit CdS-Pufferschichten sind. Um eine industrielle Umsetzung zu ermöglichen, müssen jedoch noch einige Hürden überwunden werden. Zunächst müssen Abscheidungsprozesse gefunden werden, die eine möglichst homogene und flächige Bedeckung der Absorberschicht durch das Puffermaterial ermöglichen. Aussichtsreiche Konzepte umfassen hierbei die Abscheidung durch Sprüh-Prozesse oder einen Schichttransfer durch Lamination. In dieser Hinsicht könnte auch eine Polymerisation der organischen Moleküle und eine damit einhergehende Modifikation der Benetzungseigenschaften zielführend sein. Eine weitere Herausforderung liegt in der Abscheidung der konventionell kathodenzerstäuben ZnO-Elektrode. Um diesen Prozess entsprechend anzupassen, muss einerseits die Prozesstemperatur so gesenkt werden, dass sie unterhalb der Sublimationstemperatur des organischen Puffermaterials liegt. Auch hier könnte die Verwendung polymerisierter Moleküle aussichtsreich sein. Zusätzlich müssen vor der Kathodenzerstäubung dünne Schutzschichten verwendet werden um die Beschädigung der empfindlichen organischen Halbleiter zu vermeiden [178]. Auch die Verwendung flüssig prozessierter *Top*-Kontakte in Kombination mit organischen Pufferschichten wäre vorstellbar, indem die in Abschnitt 6.3 vorgestellten hybriden Kompositelektroden aus einer n-dotierten ZnO-

Schicht, einer polymeren Extraktionsschicht und einem metallischen Netzwerk selbstorganisierter Nanodrähte verwendet werden. Durch den Einsatz
dieser durch druckkompatible Prozesse hergestellten Elektroden können industriell etablierte, kathodenzerstäubte ZnO-Elektroden ersetzt werden. So
könnte durch die Implementierung des Prozesses in eine monolithische Mo-
dulherstellung eine weitere Reduktion der PEDOT:PSS-Schichtdicke voll-
zogen werden, wodurch die Transparenz dieses Elektrodensystems und damit die Effizienz der Solarzellen erhöht werden könnte.

7 Hybride Dünnschicht-Tandemsolarzellen

In diesem Kapitel werden Konzepte zur Herstellung von hybriden Tandemsolarzellen aus CIGS und organischen Absorbern vorgestellt. Um eine effiziente serielle Verschaltung der beiden Subzellen zu gewährleisten, werden zunächst in Abschnitt 7.1 entsprechende Rekombinationszonen untersucht. Die größte Herausforderung bei der Herstellung von hybriden Tandemsolarzellen ist die Abscheidung homogener, dünner Polymer-Absorberschichten. So wird mit der Lamination in Abschnitt 7.2 eine Beschichtungsmethode vorgestellt, mit der dünne organische Absorberfilme auf die raue CIGS-Subzelle übertragen werden können. Schließlich werden in Unterkapitel 7.3 Konzepte erörtert, um transparente Kontakte für effiziente Hybrid-Tandemsolarzellen sowohl durch Kathodenzerstäubung als auch aus der Flüssigphase abzuscheiden. Neben der Reihenverschaltung der beiden Subzellen ist auch eine Parallelverschaltung denkbar, die in Unterkapitel 7.4 vorgestellt wird. So können mit dieser Bauelementarchitektur effiziente Tandemsolarzellen hergestellt werden, deren Subzellen unterschiedliche Photoströme generieren.[1]

---

[1] Die hier präsentierten Ergebnisse wurden in Teilen bereits zur Publikation [185] eingereicht.

7.1 Effiziente Rekombinationszonen

Typischerweise werden Tandemsolarzellen aus zwei monolithisch übereinander aufgetragenen, elektrisch in Reihe geschalteten Solarzellen hergestellt. Um die Anode der oberen Solarzelle auf das Potential der Kathode der unteren Solarzelle zu bringen, muss eine entsprechende Rekombinationszone zwischen beide Subzellen eingefügt werden. Nur so kann der photogenerierte Elektronenstrom der einen Subzelle verlustfrei in einen Lochstrom der anderen Zelle überführt werden. In diesem Unterkapitel werden zwei Konzepte für Rekombinationszonen evaluiert. Einerseits wird der Versuch unternommen, die raue Oberfläche der CIGS-Subzelle durch die Abscheidung einer dicken, p-dotierten Lochtransportschicht zu ebnen. Andererseits werden dünne, im Vakuum prozessierte Rekombinationszonen verwendet, die typischerweise für die Herstellung von Polymer-Tandemsolarzellen verwendet werden.

Stand der Technik

Zur seriellen Verschaltung zweier Solarzellen zu Tandemsolarzellen (vgl. Banddiagramm in Abbildung 2.9a) werden typischerweise Tunneldioden aus n- bzw. p-dotierten Ladungstransportschichten verwendet. Diese Konzepte wurden bereits erfolgreich in Vakuum-sublimierten organischen Tandemsolarzellen eingesetzt, da sich niedermolekulare Systeme gezielt durch Koverdampfung dotieren lassen [186, 187]. Können die verwendeten Ladungstransportschichten, etwa bei der Abscheidung aus der Flüssigphase, nicht hinreichend dotiert werden, so können Edelmetall-Inseln in die Rekombinationszone eingebracht werden, um die Zustandsdichte und damit die Rekombinationswahrscheinlichkeit zu erhöhen [59, 183, 188, 189]. Monolithische Tandemsolarzellen mit CIGS-Subzellen wurden bislang nur wenig untersucht. Bei ersten, vielversprechenden Versuchen, CIGS-Solarzellen mit farbstoffsensibilisierten Solarzellen zu kombinieren, wurden als Rekombinationszonen kathodenzerstäubten ITO-Zwischenkontakte verwendet [57]. Im Rahmen dieser Arbeit werden CIGS-Solarzellen mit Polymer-Solarzellen kombiniert, deren Absorber-Schichtdicke aufgrund der niedrigen Ladungsträgerbeweglichkeiten nicht mehr als wenige hundert Nanometer betragen sollte. Um die raue CIGS-Oberfläche dennoch vollständig zu bedecken, werden daher Absorber auf Basis des Polymers P3HT verwendet, die selbst bei Schichtdicken von mehreren hundert Nanometern noch ausreichende photovoltaische Funktion zeigen [190]. Als Rekombinationszonen werden einerseits Kombinationen aus Edelmetall-Inseln und Übergangsmetalloxiden verwendet, die bereits häufig in Polymer-Tandemsolarzellen eingesetzt wurden [183, 191]. Oxide der Übergangsmetalle Molybdän, Vanadium oder Wolfram eignen sich aufgrund ihrer hohen Austrittsarbeiten hervorragend als anodenseitige Transportschichten [192]. In einem alternativen Ansatz werden, um die Rauheit der CIGS-Oberfläche zu vermindern, Schichten aus PEDOT:PSS verwendet, die durch Beimischung von transparenten Siliziumdioxid-Nanopartikeln selbst bei hohen Schichtdicken eine exzellente Transparenz aufweisen und bereits erfolgreich eingesetzt wurden um eine erhöhte Lichtauskopplung aus organischen Leuchtdioden zu erzielen [193].

Herstellung der Solarzellen

Zur Herstellung der CIGS-Subzellen wurden, wie in Abschnitt 6 beschrieben, kathodenzerstäubte Molybdän-*Bottom*-Kontakte, koverdampfte CIGS-Absorber und nasschemisch abgeschiedene CdS-Pufferschichten in einer Pilot-Fertigungslinie der Firma Manz CIGS Technology hergestellt. Für flüssig prozessierte, planarisierende Rekombinationszonen wurde die PEDOT:PSS-Formulierung Clevios VPAI4083 mit SiO_2-Nanopartikeln (LUDOX TMA colloidal silica 34 wt.%, Firma Sigma Aldrich) im Volumenverhältnis von 10:1 gemischt und bei 2000 UPM aufgeschleudert. Alternativ wurden Silber-Inseln durch Verdampfung von nominell 2 nm Silber abgeschieden. Molybdäntrioxid-Schichten (MoO_3) wurden mit einer Schichtdicke von 10 nm durch thermisches Verdampfen aufgetragen. Als organische Absorberschicht wurde eine Lösung von P3HT und PCBM (1:0,9) in einer hohen Konzentration von 80 g/L in Dichlorbenzol gelöst, bei 1000 UPM aufgeschleudert und anschließend unter Petrischalen langsam getrocknet. Semitransparente *Top*-Kontakte wurden, wie in Abschnitt 6.1 beschrieben, durch die Abscheidung 15 nm dünner Aluminiumfilme hergestellt.

Ergebnisse und Diskussion

Zunächst wurden die hergestellten Rekombinationszonen anhand elektronenmikroskopischer Aufnahmen untersucht. Abbildung 7.1 zeigt eine Bruchkante einer Tandemsolarzelle in der Architektur Mo/CIGS/CdS/PEDOT:PSS:SiO$_2$/P3HT:PCBM. Man erkennt darin deutlich, dass sich das flüssig prozessierte p-dotierte Kompositmaterial vorwiegend in den Vertiefungen zwischen benachbarten CIGS-Körnern ansammelt. Somit wird die Rauheit der darunter liegenden CIGS-Subzelle teilweise kompensiert. Das

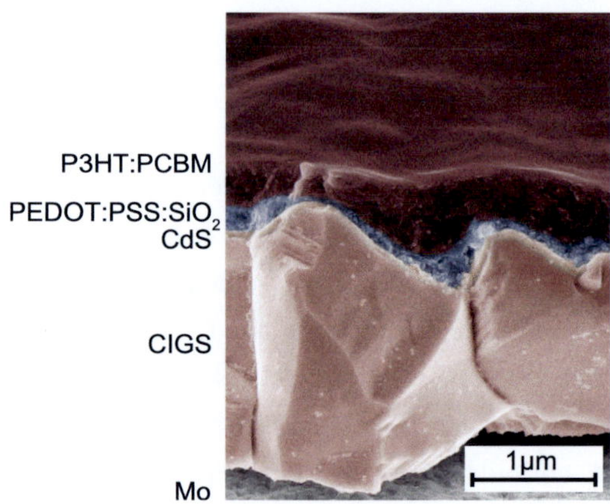

Abbildung 7.1: REM-Aufnahme einer Solarzellenbruchkante in der Architektur Mo/CIGS/CdS/PEDOT:PSS:SiO$_2$/P3HT:PCBM. Der Betrachtungswinkel beträgt 70°.

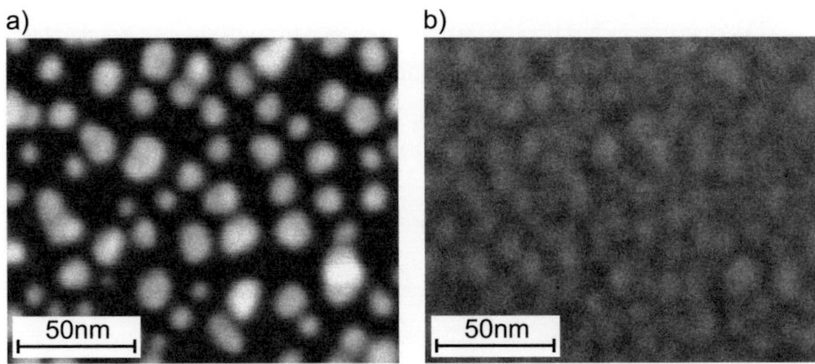

Abbildung 7.2: REM-Aufnahme von a) Silber-Inseln bzw. b) mit 10 nm MoO_3 beschichteten Silber-Inseln. Die Strukturen befinden sich jeweils auf einem Silizium-Wafer.

nachfolgend abgeschiedene P3HT:PCBM-Absorbergemisch lagert sich gleichermaßen bevorzugt in Tälern an, bedeckt jedoch auch die Erhebungen der CIGS-Subzelle hinreichend, sodass die Tandemsolarzelle insgesamt als vergleichsweise eben erscheint. An manchen Stellen beträgt die Schichtdicke des P3HT:PCBM-Absorbers jedoch bis zu 700 nm. P3HT:PCBM-Schichten in hocheffiziente Solarzellen sind in der Regel jedoch nicht dicker als 200 bis 300 nm [194, 195]. Eine Reduktion der Schichtdicke würde jedoch zu teilweise nur unzureichend bedeckten CIGS-Körnern und damit zu Kurzschlüssen innerhalb der Polymer-Subzelle führen.

Ferner wurden für die Herstellung von Rekombinationszonen Silber-Inseln und MoO_3-Schichten verwendet. Da diese Schichten auf der schroffen CIGS-Subzelle nur unzureichend darstellbar sind, wurden die Materialien in Vorversuchen auf Silizium-Wafern abgeschieden, wie in Abbildung 7.2 zu sehen ist. Bei der Abscheidung von nominell 2 nm Silber bilden sich Nano-Inseln, deren Durchmesser nicht mehr als 20 nm beträgt. Abbildung 7.2b zeigt die mit 10 nm MoO_3 beschichteten Inseln, die deutlich dunkler erscheinen. Anhand des niedrigen Kontrastes kann darauf geschlossen werden, dass die dünne Metalloxid-Schicht die Silber-Inseln vollständig bedeckt.

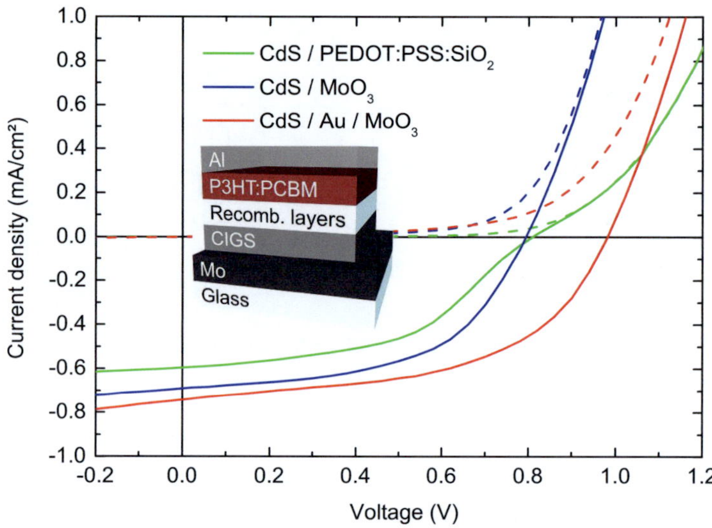

Abbildung 7.3: *j-U*-Kennlinien und schematischer Aufbau von hybriden Tandem-solarzellen mit verschiedenen Rekombinationszonen. Die Dunkel-Kennlinien sind gestrichelt dargestellt.

Im Folgenden werden die hergestellten Solarzellen anhand von Stromdichte-Spannungs-Kennlinien charakterisiert, die in Abbildung 7.3 dargestellt sind. Man erkennt einerseits, dass alle untersuchten Solarzellen sehr niedrige Kurzschlussstromdichten von weniger als $1\,\text{mA/cm}^2$ aufweisen. Diese Beobachtung kann vor allem auf die niedrige Transparenz der verwendeten Aluminium-Elektrode (vgl. Unterkapitel 6.1) zurückgeführt werden. Solarzellen mit PEDOT:PSS:SiO$_2$-Schichten weisen im Vergleich zu Solarzellen mit Vakuum-prozessierten Rekombinationszonen einen niedrigeren Füllfaktor auf und die Kennlinie beschreibt einen S-förmigen Verlauf. Dieses Verhalten wird häufig bei Tandemsolarzellen beobachtet und lässt sich auf die Ansammlung von Ladungsträgern aufgrund schlecht leitfähiger Transportschichten bzw. Extraktionsbarrieren erklären [186, 191, 196]. So kann eine zu niedrige vertikale Leitfähigkeit der Kompositschicht als Ursache für den niedrigen Füllfaktor der Solarzelle angenommen werden.

Wird hingegen das Übergangsmetalloxid MoO_3 verwendet, so weisen die Solarzellen zwar höhere Füllfaktoren auf, hohe Leerlaufspannungen von ca. 1 V werden jedoch nur erzielt, wenn zusätzlich Silber-Inseln in die Rekombinationszone eingefügt werden. Damit erweisen sich hier CdS/ Ag/MoO_3-Schichten als die effizientesten Rekombinationszonen für hybride Tandemsolarzellen, wenngleich die Leerlaufspannung der Tandemsolarzelle ($U_{OC} = 1V$) nicht ganz der Addition der Leerlaufspannungen der beiden Subzellen ($U_{OC,CIGS} = 0,6V$ bzw. $U_{OC,P3HT:PCBM} = 0,6V$) entspricht. Dieser Effekt könnte auf eine noch nicht optimale Ausrichtung der Transport-Niveaus zurückzuführen sein. Ferner könnte die vergleichsweise dicke P3HT:PCBM-Absorberschicht eine niedrigere Leerlaufspannung aufweisen als Solarzellen mit dünnen Absorberschichten [197].

7.2 Transfer-Beschichtung organischer Absorberschichten

Im vorangegangenen Unterkapitel wurden hybride Tandemsolarzellen aus CIGS- und Polymer-Subzellen hergestellt, indem der Polymer-Absorber P3HT:PCBM aus einer hoch konzentrierten Lösung aufgebracht wurde. Dadurch lassen sich zwar die raue CIGS-Subzelle effektiv ebnen und Kurzschlüsse zwischen der Rekombinationszone und dem *Top*-Kontakt vermeiden, allerdings ist die so prozessierte organische Absorberschicht deutlich zu dick. Deshalb wird in diesem Unterkapitel ein Verfahren vorgestellt, bei dem der Absorber auf ein flexibles Substrat in beliebiger Schichtdicke aufgetragen wird und anschließend über einen Laminationsprozess durch Druck und Wärme auf die CIGS-Subzelle transferiert wird. Daraufhin werden die so hergestellten hybriden Tandemsolarzellen mit Solarzellen verglichen, deren Polymer-Absorber durch Aufschleudern direkt auf der CIGS-Subzelle abgeschieden wird.

Stand der Technik

Die Transfer-Beschichtung durch Lamination stellt eine aussichtsreiche Methode für die Applikation organischer Dünnschichten dar. Eine Übersicht über das generelle Verfahren und seine möglichen Anwendungen ist beispielsweise in Ref. [198] zu finden. So stellt die Lamination eine mittlerweile etablierte Methode zum Transfer von Nanostrukturen dar [199]. Die Technik besitzt insbesondere bei der Abscheidung von Mehrschicht-Architekturen aus der Flüssigphase den Vorteil, dass Schichten in beliebiger Reihenfolge übereinander abgeschieden werden können, wie bereits durch die Herstellung organischer Solarzellen erfolgreich gezeigt werden konnte [200, 201]. So konnten selbst Polymer-Tandemsolarzellen mit P3HT:PCBM-Schichten, die in einem sequentiellen Transferprozess abgeschieden wurden, erfolgreich demonstriert werden. Insbesondere die Tatsache, dass die dabei als Trägermaterial verwendeten Elastomere nach der Lamination gereinigt und erneut verwendet werden können [201], stellt einen großen Vorteil der Technologie dar. Der Transfer der Schichten kann zudem in Rolle-zu-Rolle-Prozessen in industriell relevanten Geschwindigkeiten durchgeführt werden [202] und ermöglicht damit eine günstige Abscheidung organischer Dünnschichtbauelemente.

Herstellung der Solarzellen

a)

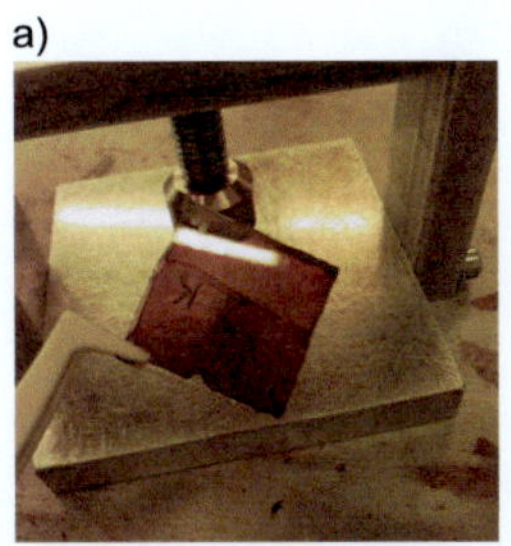

b)

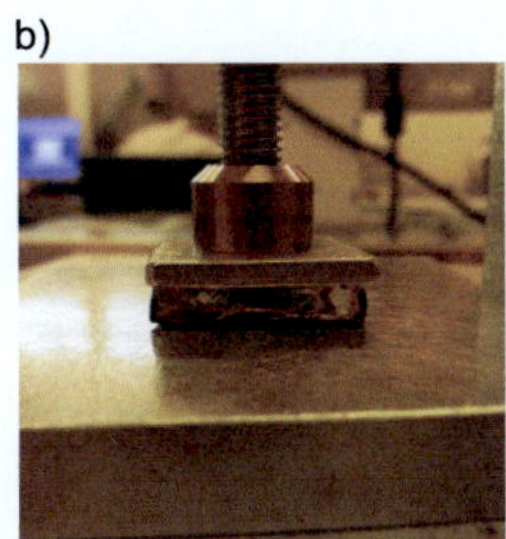

c)

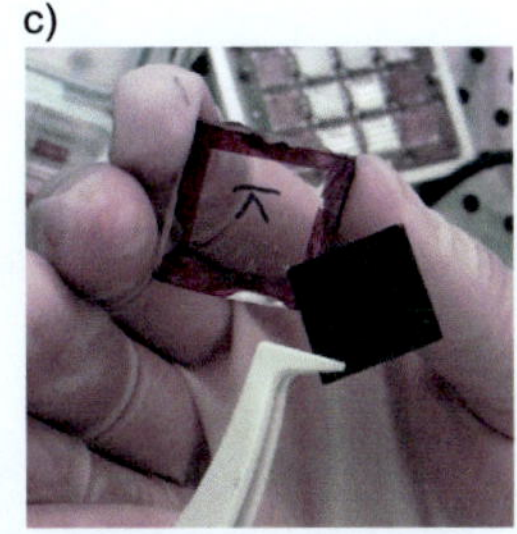

Abbildung 7.4: Photographische Abbildungen des Transfers organischer Absorberschichten. a) P3HT:PCBM-Absorberschicht auf einem PDMS-Substrat. b) Transfer der organischen Schicht auf die CIGS-Subzelle durch Druck und Hitze. c) Entfernen des Elastomer-Substrates, bei dem die organische Schicht auf dem Solarzellensubstrat zurück bleibt.

CIGS-Subzellen einschließlich der $CdS/Ag/MoO_3$-Rekombinationszonen wurden hergestellt, wie im vorherigen Unterkapitel beschrieben. Zur Herstellung der Transfer-Substrate aus dem Elastomer Polydimethylsiloxan (PDMS) wurde das in Abschnitt 3.4 beschriebene Verfahren verwendet. Photographien des Transferprozesses sowie der transferierten Schichten sind in Abb. 7.4 aufgeführt. Um das PDMS-Substrat mit organischen Absorbern beschichten zu können, wurde zuvor eine Haftvermittlungsschicht aufgebracht. Dazu wurden ZnO-Kristalle durch Aufschleudern einer ZAAH-Lösung (20 g/L in Ethanol) auf das mit 3000 UPM drehende PDMS-Substrat gegeben. Die Abscheidung der organischen Schichten wurden dann unter inerten Bedingungen durchgeführt. Das P3HT:PCBM-Gemisch (1:0,9, 40 g/L in o-Dichlorbenzol) wurde bei 1000 UPM auf das

Abbildung 7.5: Schematische Darstellung der Transfer-Beschichtung organischer Absorber auf CIGS-Subzellen.

PDMS-Substrat aufgeschleudert, wie in Abb. 7.4a dargestellt ist. Die in Abb. 7.4b gezeigte Lamination der Schichten auf die CIGS-Subzellen erfolgte dann durch Druck und bei einer Temperatur von 120 °C. Nach ca. 30 s können die PDMS- und Glassubstrate voneinander getrennt werden. Die Absorberschicht wird durch dieses Verfahren vollständig auf das Glassubstrat übertragen, wie in Abb. 7.4c zu sehen ist. Eine schematische Darstellung des Prozesses ist in Abb. 7.5 dargestellt. Als semitransparente *Top*-Kontakte wurden 15 nm dünne Aluminium-Schichten verwendet.

Ergebnisse und Diskussion

In Abbildung 7.6 ist eine elektronenmikroskopische Aufnahme einer CIGS-Subzelle dargestellt, auf der eine P3HT:PCBM-Schicht durch das beschriebene Laminationsverfahren aufgebracht wurde. Man kann erkennen, dass sich die organische Schicht dem rauen Untergrund anpasst und sowohl in Vertiefungen als auch auf Erhebungen eine konstante Schichtdicke von ca. 200 nm aufweist. Ferner sind auf dem Bild keine Rückstände der haftvermittelnden ZnO-Schicht zu erkennen.

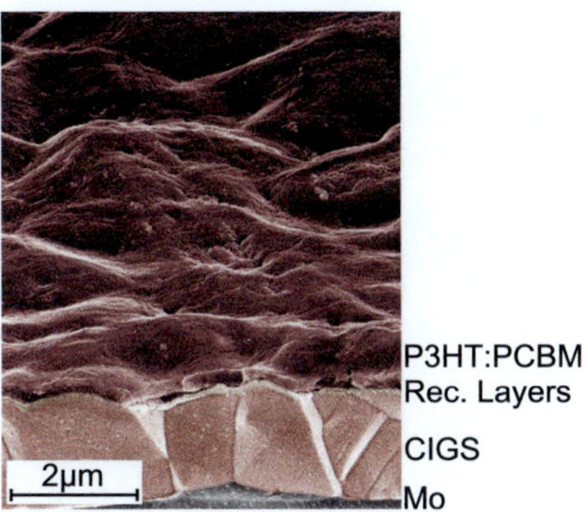

Abbildung 7.6: REM-Aufnahme einer auf eine CIGS-Subzelle laminierten P3HT:PCBM-Schicht. Der Betrachtungswinkel beträgt 70°.

Im Folgenden wurden Hybrid-Tandemsolarzellen mit den im vorherigen Unterkapitel vorgestellten $CdS/Ag/MoO_3$-Rekombinationszonen hergestellt. Die Strom-Spannungs-Kennlinien der Solarzellen mit aufgeschleuderten bzw. laminierten P3HT:PCBM-Absorberschichten sind in Abbildung 7.7 dargestellt. Offensichtlich unterscheiden sich die j-U-Kurven der Solarzellen mit unterschiedlich präparierten Polymer-Absorbern kaum. Die hohe Leerlaufspannung und der niedrige Dunkelstrom zeigen erneut, dass die Transfer-beschichteten Filme keine Risse oder Löcher aufweisen, die Kurzschlüsse verursachen würden. Dass der Serienwiderstand von Solarzellen mit laminierten organischen Absorbern sogar niedriger als der vergleichbarer Zellen mit aufgeschleuderten Schichten ist, zeigt, dass die laminierten Schichten elektrisch hervorragend mit der darunter liegenden Rekombinationszone verbunden sind. Auch die hohe Kurzschlussstromdichte belegt diese Schlussfolgerung. Wäre der Kontakt zwischen der Absorberschicht und der Rekombinationszone nicht ausreichend hergestellt, so würde sich dies in niedrigeren Photoströmen äußern [171].

Mit der in diesem Unterkapitel vorgestellten erfolgreichen Transfer-Beschichtung dünner Schichten durch Lamination lassen sich somit per-

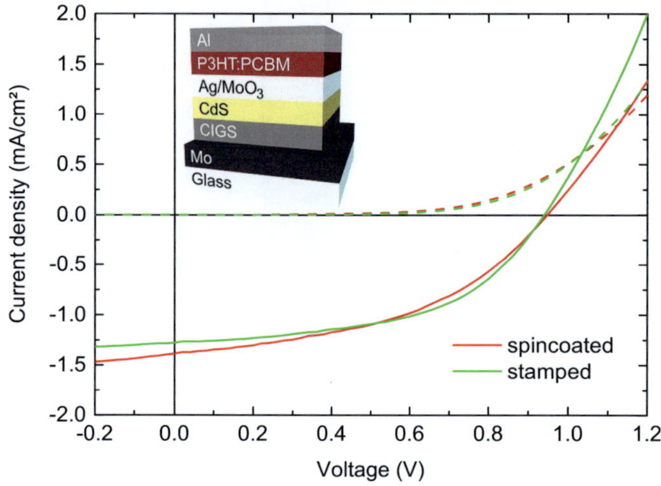

Abbildung 7.7: *j-U*-Kennlinien und schematischer Aufbau von hybriden Tandem-solarzellen mit aufgeschleuderten bzw. laminierten organischen Absorberschichten. Die Dunkel-Kennlinien sind gestrichelt dargestellt.

spektivisch auch andere Polymer-Absorber in beliebigen Schichtdicken auf die CIGS-Subzelle übertragen.

7.3 Optimierte Tandemsolarzellen mit transparenten *Top*-Kontakten

In diesem Unterkapitel werden die zuvor entwickelten Bauelementarchitekturen und Depositionsprozesse optimiert und mit effizienten transparenten Elektrodensystemen kombiniert. So wird zunächst der bislang verwendete organische Akzeptor ersetzt um noch höhere Leerlaufspannungen der Tandemsolarzellen zu erzielen. Auch die Abscheidung effizienter Rekombinationszonen aus der Flüssigphase wird erprobt. Ferner wird durch die Einführung einer kathodenseitigen Elektronentransportschicht einerseits die Abscheidung kathodenzerstäubter ZnO-Elektroden und andererseits die Verwendung flüssig prozessierter Polymer-Elektroden ermöglicht. Die somit hergestellten Tandemsolarzellen werden anhand von Stromdichte-Spannungs-Kennlinien und Quanteneffizienzmessungen charakterisiert um die limitierende Subzelle zu identifizieren. Ferner werden durch mechanisch gestapelte Solarzellen Wege zur Optimierung der präsentierten Tandemsolarzellen aufgezeigt.

Stand der Technik

Für hocheffiziente, seriell verschaltete CIGS-Polymer-Tandemsolarzellen werden transparente *Top*-Kathoden benötigt, die sich möglichst aus der Flüssigphase abscheiden lassen. Bisher wurden solche Kontakte für Polymersolarzellen beispielsweise durch thermisches Verdampfen dünner Metallfilme [203, 204] oder durch Kathodenzerstäubung entsprechend dotierter Metalloxide wie ITO [205] oder ZnO:Al [178] realisiert. Die lösungsbasierte Abscheidung transparenter Kathoden erwies sich hingegen als herausfordernd. PEDOT:PSS konnte bislang nur durch das Einfügen einer thermisch verdampften, n-dotierten Transportschicht verwendet werden [127]. Um Silber-Nanodrähte als Kathode zu verwenden, wurden Titandioxid-Anpassungsschichten und ITO-Nanopartikel verwendet [206]. In diesem Abschnitt wird flüssig prozessiertes ZnO als intrinsisch n-dotierte

Anpassungsschicht eingesetzt um die Abscheidung einer hochleitfähigen PEDOT:PSS-Elektrode zu ermöglichen.

Herstellung der Solarzellen

Zur Herstellung der in diesem Abschnitt gezeigten Tandemsolarzellen wurden die zuvor in Abschnitt 7.1 präsentierten Rekombinationszonen und das in Unterkapitel 7.2 dargestellte Laminationsverfahren zur Abscheidung organischer Absorberfilme angewendet. Flüssig prozessierte Rekombinationszonen wurden durch zweimaliges Abscheiden einer ZnO-Schicht aus einer 70 °C warmen ZAAH-Lösung (60 g/L in Ethanol) auf die sich drehenden, 120 °C warmen Substrate und Aufbringen einer pH-neutralen Formulierung des PEDOT:PSS-Derivates VPAI4083 unter ambienten Bedingungen hergestellt. Als Polymerabsorber wird in diesem Unterkapitel P3HT mit dem Inden-C_{60}-Bisaddukt (ICBA) gemischt (1:1, 40 g/L in o-Dichlorbenzol) und ansonsten wie zuvor prozessiert. Vor der Abscheidung der *Top*-Elektrode wurde eine ZnO-Pufferschicht unter ambienten Bedingungen aufgetragen. Dazu wurde, analog zur Herstellung der ZnO-Schicht innerhalb der Rekombinationszone, eine ZAAH-Lösung aufgetragen und bei 120 °C ausgeheizt. Als *Top*-Kontakte wurden ZnO:Al-Schichten am ZSW durch Kathodenzerstäubung aufgetragen oder eine pH-neutrale Formulierung des hochleitfähigen PEDOT:PSS-Derivates PH1000 aufgeschleudert. In beiden Fällen wurden die Solarzellen in inerter Umgebung bei 120 °C erneut ausgeheizt.

Ergebnisse und Diskussion

Zunächst wurden die Absorptionseigenschaften der verwendeten P3HT:ICBA-Schichten hinsichtlich deren Eignung als Tandempartner für CIGS-Solarzellen untersucht. Dazu wurden Transmissionsspektren der auf ein Glassubstrat laminierten Absorberfilme sowie der eingesetzten CIGS-Schichten aufgenommen, die in Abbildung 7.8 zusammen mit dem Sonnenspektrum dargestellt sind. Während CIGS alle Photonen, deren Wellenlänge kleiner als 1000 nm ist, nahezu vollständig absorbiert, werden von der organischen Schicht nur Photonen bis zu einer Wellenlänge von ca. 650 nm absorbiert. Entsprechend weist das System eine optische Bandlücke von ca. 1,9 eV auf und kann somit als idealer Tandempartner für CIGS-Solarzellen eingesetzt werden [58].

Abbildung 7.9 zeigt elektronenmikroskopische Abbildungen von CIGS-Polymer-Tandemsolarzellen mit unterschiedlichen Rekombinationszonen und *Top*-Elektroden. Während die dünnen, Vakuum-prozessierten Rekombinationszonen in Abbildung 7.9b kaum identifizierbar sind, kann man in Abbildung 7.9a deutlich die nanopartikuläre ZnO-Schicht und die darüber befindliche PEDOT:PSS-Schicht erkennen. Beide bilden homogene Schichten auf der rauen CIGS-Subzelle (vgl. Abbildung 6.11). Über dem laminierten P3HT:ICBA-Film, dessen Schichtdicke ca. 300 nm beträgt, ist

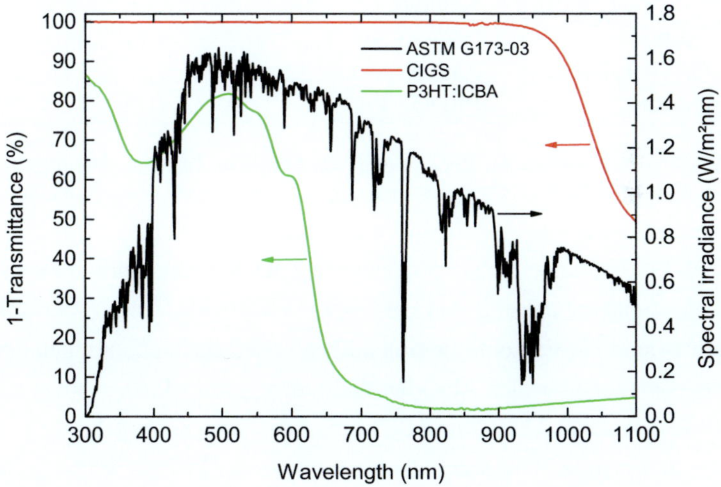

Abbildung 7.8: Totale, um den Einfluss des Glassubstrates korrigierte Transmission der verwendeten P3HT:ICBA- und CIGS-Schichten. Als Referenz ist das AM1.5G-Spektrum nach dem ASTM G173-03-Standard eingezeichnet.

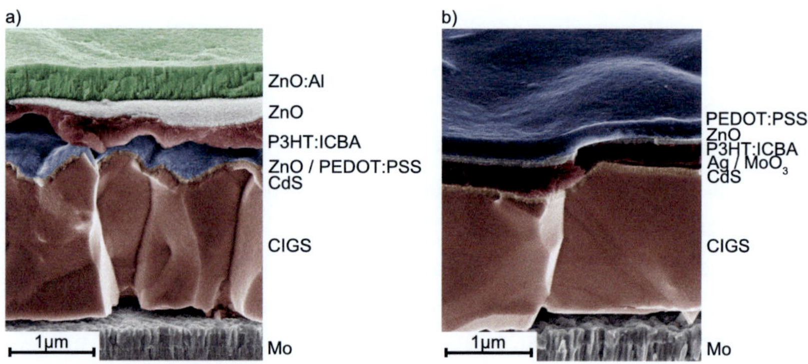

Abbildung 7.9: REM-Aufnahmen von hybriden Tandemsolarzellen mit a) flüssig prozessierten Rekombinationszonen und kathodenzerstäubten ZnO-Elektroden bzw. b) Vakuum-prozessierten Rekombinationszonen und PEDOT:PSS-Elektroden. Der Betrachtungswinkel beträgt 70°.

Rekombinationszone	Kathode	j_{SC} (mA/cm^2)	U_{OC} (V)	FF (%)	η (%)
Ag/MoO$_3$	ZnO:Al	6,7	1,11	45	3,4
ZnO/PEDOT:PSS	ZnO:Al	6,9	1,02	39	2,7
Ag/MoO$_3$	PEDOT:PSS	8,1	1,13	41	3,8

Tabelle 7.1: Photovoltaische Kenngrößen von hybriden Tandemsolarzellen in der Architektur Mo/CIGS/CdS/Rekombinationszone/P3HT:ICBA/ZnO/Kathode.

die hell erscheinende flüssig prozessierte ZnO-Schicht deutlich zu erkennen. Neben ihrer Funktion als Lochblock- bzw. Elektronentransportschicht fungiert sie in dieser Konfiguration auch als Schutzschicht, um den darunter liegenden organischen Absorber durch den *Sputter*-Prozess nicht zu beschädigen. Auch in Abbildung 7.9b ist die ZnO-Schicht noch deutlich zu erkennen und wurde nicht durch das Aufbringen der PEDOT:PSS-Elektrode abgelöst oder beschädigt.

Die *j-U*-Kennlinien der Hybrid-Tandemsolarzellen sind in Abbildung 7.10 dargestellt, und wichtige photovoltaische Kenngrößen sind in Tabelle 7.1 zusammengefasst. Tandemsolarzellen mit CdS/Ag/MoO$_3$-Rekombina-

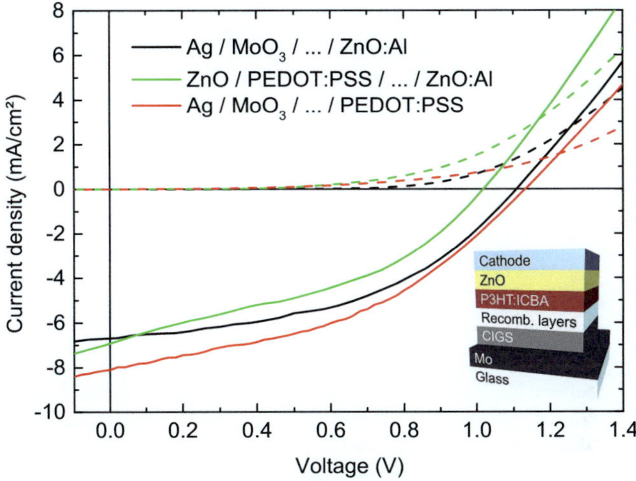

Abbildung 7.10: *j-U*-Kennlinien und schematischer Aufbau von hybriden Tandem-solarzellen mit verschiedenen Rekombinationszonen und transparenten Elektroden. Die Dunkel-Kennlinien sind gestrichelt dargestellt.

tionszonen weisen die höchsten Leerlaufspannungen von über 1,1 V auf und zeigen Wirkungsgrade von bis zu 3,8%. Die gegenüber Bauteilen mit P3HT:PCBM-Absorbern erhöhten Leerlaufspannungen lassen sich auf die höhere Leerlaufspannung der P3HT:ICBA-Solarzelle zurückführen, die ca. 0,8 V beträgt [207]. Auch mit flüssig prozessierten Rekombinationszonen lassen sich Leerlaufspannungen von über 1 V erzielen, wenngleich diese geringfügig niedriger als bei Solarzellen mit Vakuum-prozessierten Re-kombinationszonen sind. Mit flüssig prozessierten *Top*-Kontakten lassen sich hingegen aufgrund der höheren Photostromdichte von 8,1 mA/cm^2 ef-fizientere Bauteile herstellen als mit kathodenzerstäubten ZnO-Elektroden. Dies kann (vgl. Abbildung 6.13) auf die höhere Tranparenz der PEDOT:PSS-Elektrode im nahen UV-Bereich unterhalb von 400 nm zurückgeführt werden. Da hauptsächlich die organische Subzelle Photonen aus diesem Wellenlängenbereich absorbiert, kann davon ausgegangen werden, dass die organische Subzelle den Gesamtstrom der Solarzelle limitiert.

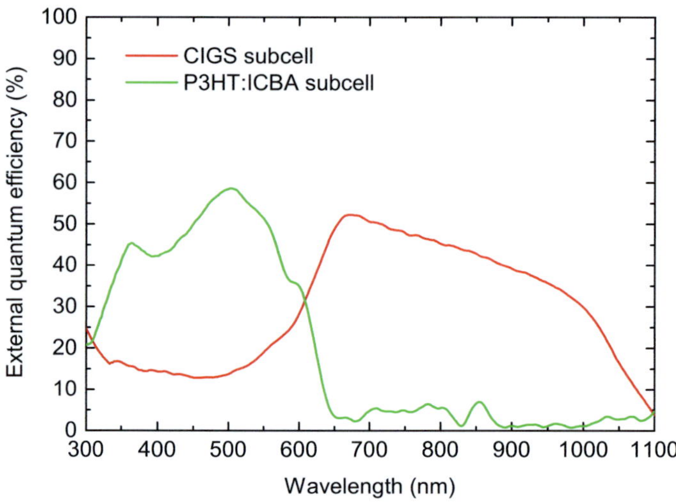

Abbildung 7.11: Externe Quanteneffizienz von hybriden Tandemsolarzellen in der Architektur Mo/CIGS/CdS/Ag/MoO$_3$/P3HT:ICBA/ZnO/PEDOT:PSS.

Zur genaueren Untersuchung und quantitativen Analyse der Strombegrenzung wurde die externe Quanteneffizienz der effizientesten Tandemsolarzellen mit CdS/Ag/MoO$_3$-Rekombinationszonen und PEDOT:PSS-*Top*-Kontakten aufgenommen und in Abbildung 7.11 dargestellt. Durch die Verwendung monochromatischer Hintergrundbestrahlung während des Messvorgangs kann jeweils eine Solarzelle elektrisch durchgeschaltet werden, während die Quanteneffizienz der anderen Subzelle gemessen wird. Verwendet man Licht der Wellenlänge 470 nm, so wird dieses in der Polymersolarzelle absorbiert und die CIGS-Zelle kann vermessen werden. Deren Quanteneffizienz sinkt bei Wellenlängen unterhalb von 650 nm nicht auf 0, da hier noch ein gewisser Anteil des Lichts durch die obere Polymersolarzelle transmittiert wird (vgl. Abbildung 7.8). Bei Wellenlängen oberhalb von 650 nm gelangt das Licht ungehindert durch die Polymersubzelle und wird in der CIGS-Solarzelle absorbiert. Integriert man das mit der Quanteneffizienz der CIGS-Solarzelle gewichtete Sonnenspektrum, so erhält man die Kurzschlussstromdichte $j_{SC,CIGS} = 14\,\text{mA/cm}^2$ der CIGS-Subzelle. Verwendet man hingegen eine Hintergrundbestrahlung mit einer Wellenlänge von 780 nm, so wird diese vorwiegend in der CIGS-Absorberschicht absorbiert. So lässt sich die P3HT:ICBA-*Top*-Zelle vermessen, deren Photostromdichte sich zu $j_{SC,P3HT:ICBA} = 8\,\text{mA/cm}^2$ ergibt. Dieser Wert stimmt damit gut mit der aus der j-U-Messung ermittelten Gesamt-Photostromdichte überein und belegt damit, dass der Gesamtstrom der Tandemsolarzelle durch die Polymersolarzelle stark limitiert wird. Um die Effizienz hybrider Tandemsolarzellen weiter zu erhöhen, müssen demnach effizientere Polymerabsorber eingesetzt werden, die höhere Kurzschlussstromdichten generieren.

Um eine realistische Abschätzung zu treffen, welche Anforderungen an einen geeigneten hocheffizienten Polymer-Absorber gestellt werden müssen, wurde mittels Gleichung 4.1 berechnet, unter welchen Bedingungen beide Subzellen die gleichen Photoströme liefern. Mit der bereits in Abbildung 6.14 dargestellten Quanteneffizienz einer im industriellen Maßstab gefertigten CIGS-Solarzelle sowie mit einer hypothetischen EQE von 70% der Polymersolarzelle liefern die Subzellen dann gleiche Photoströme von ca. 13 mA/cm^2, wenn die organische Solarzelle bis ca. 690 nm absorbiert. Entsprechend müsste der organische Absorber eine optische Bandlücke von ca. 1,8 eV aufweisen, womit Leerlaufspannungen von ca. 0,8 V realisiert werden könnten [207]. Die angenommenen Kenngrößen, sowie die damit erreichbaren Parameter einer Tandemsolarzelle sind in Tabelle 7.2 zusammengefasst. Demnach könnten durch die serielle Verschaltung beider Solarzellen zu hybriden Tandemsolarzellen Wirkungsgrade von bis zu 11,6% realisiert werden, die damit höher sind als die der verwendeten Subzellen. Diese Abschätzung zeigt somit, dass entsprechend stark im sichtbaren und nahen UV-Bereich absorbierende organische Absorbersysteme perspektivisch zur Herstellung hocheffizienter Hybrid-Tandemsolarzellen eingesetzt werden können.

Bauteil	j_{SC} (mA/cm^2)	U_{OC} (V)	FF (%)	η (%)
CIGS-Solarzelle	25,3	0,6	64	9,7
Polymer-Solarzelle	13,0	0,8	64	6,7
Serielle Tandemsolarzelle	13,0	1,4	64	11,6

Tabelle 7.2: Photovoltaische Kenngrößen von in Abschnitt 6.3 vorgestellten CIGS-Solarzellen, hypothetischen Polymersolarzellen mit einer EQE=70% im Spektralbereich zwischen 300 und 690 nm, sowie den damit herstellbaren seriell verschalteten Tandemsolarzellen.

7.4 Parallele Verschaltung

In den vorherigen Abschnitten konnten bereits vielversprechende Konzepte für seriell verschaltete Hybrid-Tandemsolarzellen vorgestellt werden. Ein entscheidender Nachteil dieser Bauelementarchitektur ist jedoch, dass sich die Photoströme der beteiligten CIGS- und Polymer-Subzellen in der Regel stark unterscheiden und die Effizienz der Tandemsolarzelle dadurch signifikant beeinträchtigt wird. Daher werden in diesem Unterkapitel die parallele monolithische Verschaltung von CIGS- und Polymer-Solarzellen untersucht. Dabei wird eine leitfähige Zwischenelektrode verwendet, durch die auch eine Vermessung beider Subzellen unabhängig voneinander möglich ist. Als transparenter *Top*-Kontakt wird die bereits in Abschnitt 5.4 untersuchte flüssig prozessierbare Anode eingesetzt.

Stand der Technik

Tandemkonzepte für die parallele Verschaltung von Dünnschichtsolarzellen wurden bislang vorwiegend für farbstoffsensibilisierte [63, 208, 209] und organische Solarzellen [62, 210–212] vorgestellt. Als Zwischenkontakte wurden dafür oftmals dünne Metallfilme verwendet, aber auch transparente leitfähige Oxide [209] oder Graphen-Schichten [212] wurden bereits untersucht. Auch Konzepte ohne transparente Zwischenkontakte wurden bereits vorgestellt, bei denen zwei organische Absorber in direkten Kontakt miteinander gebracht wurden [213, 214]. In diesem Unterkapitel werden transparente ZnO:Al-Kontakte als Zwischenkontakt für parallel verschaltete Hybrid-Tandemsolarzellen verwendet. Der Mittelkontakt fungiert damit als gemeinsame Kathode für beide Subzellen. Die organische Subzelle muss daher in der invertierten Bauelementarchitektur hergestellt werden, sodass die bereits in Abschnitt 5.4 vorgestellten invertierten, semitransparenten Polymersolarzellen für diesen Zweck adaptiert werden können.

Herstellung der Solarzellen

Für die Herstellung parallel verschalteter Hybrid-Tandemsolarzellen wurden CIGS-Solarzellen in der Architektur Mo/CIGS/CdS/ZnO:Al aus der Pilotfertigung der Firma Manz CIGS Technology verwendet. Auf diesen Solarzellen wurde zunächst eine ZnO-Pufferschicht abgeschieden, indem eine $70\,°C$ warme Lösung des Präkursors ZAAH ($20\,g/L$ in Ethanol) zweimal auf dem sich bei $3000\,UPM$ drehenden und auf $120\,°C$ erhitzten Substrat abgeschieden und anschließend bei $120\,°C$ ausgeheizt wurde. Anschließend wurde die aktive Schicht aus einem Gemisch von P3HT:PCBM ($1{:}0{,}9$, $80\,g/L$ in o-Dichlorbenzol) aufgeschleudert. Als transparente Elektrode wurde die bereits in Unterkapitel 5.4 für invertierte Polymersolarzellen vorgestellte *Top*-Anode aus PEDOT:PSS und Silber-Nanodrähten verwendet. Die aktive Fläche der Solarzellen betrug damit $1{,}7\,cm^2$.

Ergebnisse und Diskussion

Zunächst wurden von den hergestellten Tandemsolarzellen elektronenmikroskopische Aufnahmen angefertigt, die in Abbildung 7.12 dargestellt sind. Der aufgeschleuderte organische Absorber P3HT:PCBM bildet einen homogenen Film konstanter Schichtdicke auf der CIGS-Subzelle. Ferner lässt sich feststellen, dass die Silber-Nanodrähte durch die thermische Behandlung in die darunter liegende PEDOT:PSS-Schicht eingesunken sind und so einen effizienten Abtransport der photogenerierten Ladungsträger

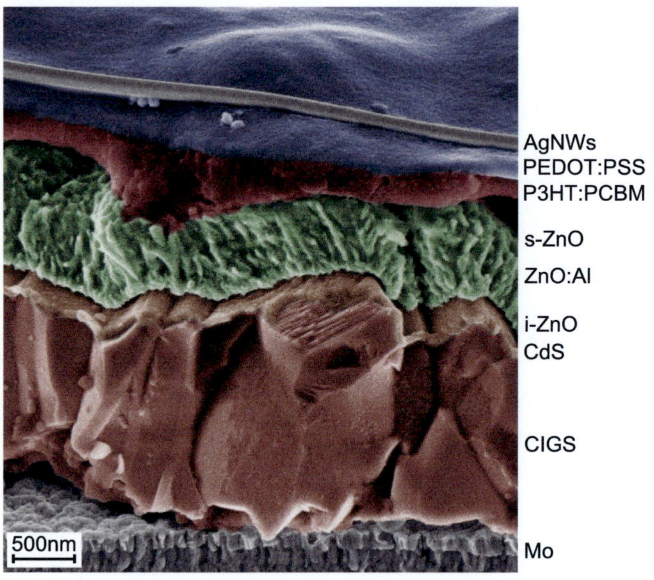

Abbildung 7.12: Elektronenmikroskopische Aufnahme einer auf eine hybriden, parallel verschalteten Tandemsolarzelle. Der Betrachtungswinkel beträgt 70°.

ermöglichen.

Die j-U-Kennlinien der gezeigten parallel verschalteten Tandemsolarzellen sind in Abbildung 7.13 dargestellt und wichtige photovoltaische Kenngrößen in Tabelle 7.3 zusammengefasst. So wurden zunächst beide Subzellen getrennt voneinander in einer 3-Elektroden-Konfiguration (Akronym 3T für engl. *3 terminal setup*) vermessen. Während die CIGS-Subzelle eine hohe Leerlaufspannung von über 0,6 V generiert, weist die organische Subzelle eine geringfügig niedrigere Leerlaufspannung von 0,5 V auf. Diese Tatsache könnte auf lokale Kurzschlüsse innerhalb der *Top*-Zelle hinweisen, was auch durch deren hohen Dunkelstrom belegt werden kann. Der Serienwiderstand der organischen Subzelle ist verhältnismäßig hoch, wodurch auch der Photostrom mit 3,2 mA/cm^2 niedriger als erwartet ausfällt. Ein Grund hierfür könnte in der großen Fläche der Solarzelle und dem da-

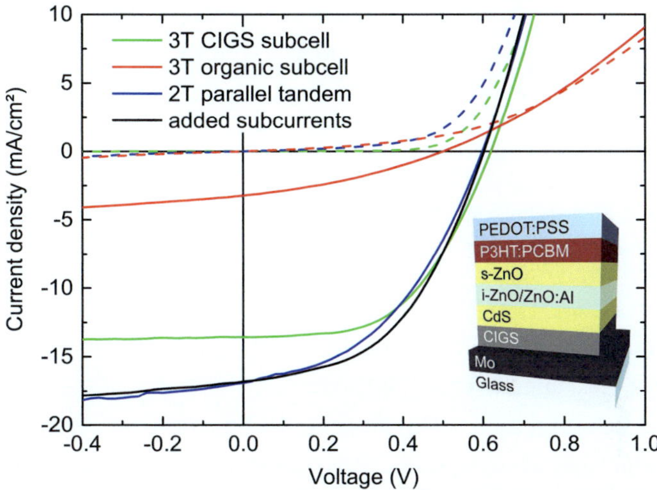

Abbildung 7.13: *j-U*-Kennlinien und schematischer Aufbau von hybriden, parallel verschalteten Tandemsolarzellen. Die Dunkel-Kennlinien sind gestrichelt dargestellt.

mit verbundenen erhöhten Lateralwiderstand der *Top*-Elektrode liegen. Verbindet man die beiden äußeren Anoden der Tandemsolarzelle, so kann sie in der sogenannten 2-Elektroden-Konfiguration (Akronym 2T für engl. *2 terminal setup*) charakterisiert werden. Erwartungsgemäß (vgl. Abschnitt 2.4) liegt der Wert der Leerlaufspannung der Tandemsolarzelle zwischen denen der beiden Subzellen. Auch die Kurzschlussstromdichte stimmt gut mit der Addition der beiden Photostromdichten der Subzellen überein. Damit weist die hybride Tandemsolarzelle einen Wirkungsgrad von 4,4% auf. Weiterhin wurde untersucht, inwiefern die Kennlinie der Tandemsolarzelle mit der Kurve übereinstimmt, die sich aus der Addition der Ströme der einzelnen Subzellen ergibt. Sowohl die Leerlaufspannung als auch die Kurzschlussstromdichte der beiden Kurven stimmen exakt überein. Lediglich der Füllfaktor der Tandemsolarzelle in der 2-Elektroden-Konfiguration ist niedriger als der der hypothetischen Tandemsolarzelle. Dies könnte auf den

	j_{SC} (mA/cm^2)	U_{OC} (V)	FF (%)	η (%)
CIGS-Subzelle	13,6	0,62	53	4,4
P3HT:PCBM-Subzelle	3,2	0,50	34	0,6
Parallele Tandemzelle	16,9	0,60	44	4,4

Tabelle 7.3: Photovoltaische Kenngrößen von hybriden, parallel verschalteten Tandemsolarzellen in der Architektur Mo/CIGS/CdS/ZnO:Al/ZnO/P3HT:PCBM/ PEDOT:PSS/AgNWs.

höheren durch die Mittelelektrode fließenden Strom und die damit höhere dissipierte Leistung zurückzuführen sein.

So lässt sich insgesamt schlussfolgern, dass die präsentierte Bauelementarchitektur eine aussichtsreiche Perspektive zur parallelen Verschaltung anorganisch-organischer Tandemsolarzellen darstellt. Sie eignet sich insbesondere für Subzellen, die aufgrund deutlich unterschiedlicher Photostromdichten nur bedingt in Reihe geschaltet werden können.

7.5 Diskussion

Die entwickelten Bauelementarchitekturen für hybride CIGS-Polymer-Tandemsolarzellen stellen einen großen Schritt hin zu hocheffizienten und dabei kostengünstigen Dünnschichtbauelementen dar. So können die vorgestellten Rekombinationszonen und Elektroden einfach auf industriell relevante Depositionsprozesse angepasst werden und die für die Abscheidung dünner organischer Filme eingesetzte Transfer-Beschichtung kann durch schnelle Rolle-zu-Rolle-Prozesse großtechnisch umgesetzt werden. Für die Herstellung der bis dato effizientesten Polymer-Tandemsolarzellen wurden neben dem Polymer P3HT ein organischer Halbleiter mit einer Bandlücke von 1,38 eV eingesetzt [53]. Somit kann als großer Vorteil der hier präsentierten Hybrid-Bauelemente die niedrige Bandlücke der CIGS-Subzelle und die damit einhergehende Absorption der Tandemsolarzelle bis in den Infrarot-Bereich angesehen werden. Geeignete organische Infrarot-Absorber mit derart niedrigen Bandlücken wurden bislang kaum erforscht [215].

Um die Vorteile der hybriden Tandemsolarzellen ausspielen zu können, ist es von vorrangiger Bedeutung, neue organische Absorbersysteme mit hohen Bandlücken zu finden, deren externe Quanteneffizienz mindestens 75% beträgt [58]. Die im Rahmen dieser Arbeit verwendeten auf dem Polymer P3HT basierenden Absorbersysteme stellen dabei einen guten ersten Ansatz dar. Höhereffiziente Absorber mit hohen Bandlücken wurden in jüngster Vergangenheit vorgestellt [216, 217]. Insbesondere der von Price *et al.* entwickelte Absorber, der selbst bei hohen Schichtdicken von bis zu 1 μm einen effizienten Ladungstransport ermöglicht, erscheint auch zur Minimierung von Kurzschlüssen innerhalb der organischen Subzelle als ideal [216]. Die genannten Materialsysteme bieten sich zudem aufgrund der hohen erzielten Photoströme von ca. 12 mA/cm^2 als ideale Partner in seriell verschalteten Hybrid-Tandemsolarzellen an.

8 Zusammenfassung und Ausblick

In der vorliegenden Arbeit wurden hybride Konzepte für transparente Elektroden sowie für anorganisch-organische Einzel- und Tandemsolarzellen auf Basis von Kupfer-Indium-Gallium-Diselenid (CIGS) und organischen Halbleitern entwickelt und optoelektronisch untersucht. Die vorgestellten Bauelementarchitekturen erlauben eine kostengünstige und schnelle Abscheidung effizienter Dünnschichtbauelemente durch die Verwendung druckkompatibler Prozesse.

Anhand des transparenten, leitfähigen Elektrodenmaterials Indium-Zinn-Oxid (ITO) wurde eine Nachbehandlungsmethode entwickelt, bei der die Solarzelle mit UV-A-Licht bestrahlt wird. Durch eine geschickte Bauelementarchitektur konnte gezeigt werden, dass die Austrittsarbeit von ITO durch diese Behandlung um ca. 0,4 eV absinkt. Als Ursache konnte auf eine lichtinduzierte Desorption chemisch adsorbierten Sauerstoffs an der ITO-Oberfläche geschlossen werden. So können künftig invertierte Polymersolarzellen ohne kathodenseitige Anpassungsschicht hergestellt werden. Dieser Effekt wird auch bei der Interpretation von Lichtalterungstests an entsprechenden Bauelementen in Erwägung gezogen werden müssen.

Hinsichtlich perspektivisch günstiger Abscheidungsprozesse auf flexiblen Substraten wurden ferner Elektrodensysteme untersucht, die sich vollständig aus der Flüssigphase auftragen lassen. So wurden polymerbasierte, transparente *Bottom*-Kontakte entwickelt, auf denen sich durch Auftragung einer flüssig prozessierten, nanokristallinen Transportschicht vertikale Zinkoxid-Nanosäulen im chemischen Bad herstellen lassen. Diese Strukturen wurden erfolgreich in invertierte Polymersolarzellen integriert, deren Effizienz höher als die vergleichbarer Bauteile ohne Nanosäulen ist. Durch eine Kleinsignalanalyse konnte schließlich auf eine erhöhte Ladungsträgerlebensdauer aufgrund der maßgeschneiderten Transportstrukturen geschlossen werden. Die demonstrierte Hybridelektrode kann somit durch eine entsprechende Variation der Säulenlänge auch für die Herstellung farbstoffsensibilisierter Solarzellen oder lichtemittierender Dioden verwendet werden. Aufgrund ihrer hohen Transparenz und guten Skalierbarkeit können die Nanostrukturen gleichermaßen als Antireflexschichten eingesetzt werden [153].

Mit der sequentiellen Sprühbeschichtung wurde ein Verfahren vorgestellt, das es erlaubt, Materialien deutlich unterschiedlicher Polarität und Oberflächenenergie aus der Flüssigphase übereinander abzuscheiden. In einem ersten Schritt wurden haftvermittelnde Polymer-Inseln auf die unpolare Absorberschicht aufgetragen, die durch eine geeignete Wahl der Flussrate und der Substrattemperatur sofort auf der Oberfläche antrockneten. Nachfolgend wurden dann flächige Schichten des hochleitfähigen Polymergemisches Poly(3,4-ethylendioxythiophen):Polystyrolsäure (PEDOT:PSS) durch hohe Flussraten auf den modifizierten Oberflächen abgeschieden, wodurch die Herstellung semitransparenter Solarzellen mit Wirkungsgraden von fast 2% ermöglicht wurde. Dieses sequentielle Konzept kann somit breite Anwendung in elektronischen Mehrschicht-Bauelementen finden, die aus der Flüssigphase abgeschieden werden.

Schließlich wurde eine hybride *Top*-Elektrode auf Basis eines selbstorganisierten Silbernetzwerkes untersucht, das durch die Abscheidung dispergierter Silber-Nanodrähte hergestellt wurde. Die Vernetzung der Drähte sowie die flächige Extraktion photogenerierter Ladungsträger wurde durch das Einfügen einer dünnen, hoch leitfähigen PEDOT:PSS-Schicht ermöglicht. So konnten mit diesem Elektrodensystem semitransparente Polymersolarzellen mit gleichen Wirkungsgraden wie vergleichbare Solarzellen mit opaken Anoden hergestellt werden. Aufgrund der exzellenten Transparenz und Leitfähigkeit der flüssig prozessierte Hybridelektrode erwiesen sich semitransparente Solarzellen unter der Einstrahlung von unterschiedlichen

Seiten als gleich effizient. Die hybride *Top*-Elektrode kann somit ohne weiteres auch in anderen Dünnschichtsolarzellen, aber auch in nach oben emittierenden Leuchtdioden oder Displays eingesetzt werden.

Da in der industriellen Fertigung von CIGS-Dünnschichtsolarzellen überwiegend giftige Cadmiumsulfid-Pufferschichten eingesetzt werden, wurden im Rahmen dieser Arbeit unbedenkliche, flüssig prozessierbare organische Halbleiter als alternative Pufferschichten untersucht. Dazu wurde zunächst eine semitransparente Metallelektrode gefunden, die durch eine zerstörungsfreie Abscheidung die intensive Untersuchung der organischen Transportschichten ermöglichte. Dabei konnten vor allem niedermolekulare Systeme, deren Elektronenaffinität geringer als 3 eV ist, als geeignete Puffermaterialien identifiziert werden. Anhand eines solchen n-leitenden Halbleiters konnte schließlich gezeigt werden, dass CIGS-Solarzellen mit organischen Puffern trotz deren inhomogener Schichtbildung auf der rauen CIGS-Oberfläche höhere Wirkungsgrade aufweisen als vergleichbare Solarzellen ohne Pufferschicht. Durch einen Vergleich mit thermisch sublimierten Puffermaterialien konnte der Schluss gezogen werden, dass durch die lösungsbasierte Abscheidung und die damit verbundene Ansammlung des Halbleiters zwischen benachbarten CIGS-Körnern eine effiziente Passivierung von Korngrenzen sowie vertikalen Kurzschlüssen ermöglicht wird. Die zuvor bereits anhand semitransparenter Polymersolarzellen erforschte hybride Elektrode aus PEDOT:PSS und Silber-Nanodrähten wurde gleichermaßen erfolgreich als transparenter *Top*-Kontakt für CIGS-Solarzellen eingesetzt. Um das Materialsystem, das eine hohe Austrittsarbeit aufweist, als Kathode verwenden zu können, wurde eine flüssig prozessierte n-dotierte Anpassungsschicht eingeführt. So konnten Hybridsolarzellen mit Wirkungsgraden von fast 9% hergestellt werden, die nahezu gleich effizient wie Referenzbauteile aus einer industriellen Pilotfertigung sind.

Hinsichtlich einer höheren spektralen Ausbeute des Sonnenlichts wurden schließlich hybride, monolithische Tandemsolarzellen mit CIGS- und Polymer-Subzellen entwickelt. Für die serielle Verschaltung der beiden Zellen wurden Vakuum- wie auch flüssig prozessierte Rekombinationszonen vorgestellt, die eine annähernde Addition der Leerlaufspannungen der Subzellen ermöglichen. Aufgrund der hohen Rauheit der unteren CIGS-Solarzelle wurde mit der Transfer-Beschichtung organischer Schichten eine Methode vorgestellt, mit der sich Absorberschichten homogen auf CIGS-Subzellen laminieren lassen. Als Elektrodensysteme wurden kathodenzerstäubte wie auch flüssig prozessierte PEDOT:PSS-Elektroden abgeschieden, sodass hybride Tandemsolarzellen mit Wirkungsgraden von annähernd 4% hergestellt werden konnten. Wesentliches Optimierungspotential wurde durch die Analyse von externen Quanteneffizienzmessungen aufgezeigt, bei dem eine deutliche Limitierung des Photostroms durch die organische Subzelle offengelegt wurde.

Als Alternative wurde daher die parallele Verschaltung der Subzellen untersucht. Durch die Verwendung eines leitfähigen Zinkoxid-Mittelkontaktes und eines transparenten PEDOT:PSS-*Top*-Kontaktes konnten somit Tandemsolarzellen hergestellt werden, deren Photoströme sich aus der Addition der Photoströme der Subzellen ergeben und deren Wirkungsgrade bis zu 4,5% betragen.

Diese aussichtsreichen Ergebnisse wurden mit dem Projektpartner Manz CIGS Technology geteilt und können in dessen Pilotfertigung weiter entwickelt werden. Während die vorgestellten Bauelementarchitekturen und Fabrikationsprozesse bereits hinsichtlich einer druckkompatiblen Abscheidung optimiert wurden, werden künftig insbesondere für die Herstellung von Hybrid-Tandemsolarzellen effizientere organische Absorber benötigt, die vor allem im kurzwelligen optischen Spektralbereich hohen Quantenausbeuten aufweisen.

Formelzeichen und Abkürzungen

2T	2-Elektroden-Konfiguration, engl. *2 terminal setup*
3T	3-Elektroden-Konfiguration, engl. *3 terminal setup*
A	Fläche
AFM	Rasterkraftmikroskop, engl. *atomic force microscope*
AgNW	Silber-Nanodrähte, engl. *silver nanowires*
AM	Engl. *air mass*
a-Si	Amorphes Silizium
B20	Benetzungsadditiv, 20 g/L Dynol 604 und 20 g/L Byk333 in Isopropanol
BuPBD	*2-(4-biphenylyl)-5-(4-tert-butylphenyl)-1,3,4-oxadiazole*
C	Kapazität
c_0	Lichtgeschwindigkeit
C_{DL}	Sperrschichtkapazität
C_μ	Chemische Kapazität
Cd	Cadmium
CdS	Cadmiumsulfid
CIGS	Kupfer-Indium-Gallium-Diselenid, $Cu(In,Ga)Se_2$
d	Schichtdicke
DMSO	Dimethylsulfoxid
DSSC	Farbstoffsensibilisierte Solarzelle, engl. *dye sensitized solar cell*
e	Elementarladung
$E_{\lambda,AM1.5}$	Spektrale Bestrahlungsstärke
EQE	Externe Quanteneffizienz

F8BT	*Poly(9,9-dioctylfluorene-co-benzothiadiazole)*
FF	Füllfaktor
GaAs	Galliumarsenid
h	Plank'sches Wirkungsquantum
HOMO	Höchstes besetztes Molekülorbital, engl. *highest occupied molecular orbital*
I	Strom
ICBA	*1',1'',4',4''-tetrahydro-di[1,4]methano-naphthaleno[1,2:2',3',56,60:2'',3''][5,6]fullerene-C_{60}*
InGaAs	Indium-Gallium-Arsenid
InGaP	Indium-Gallium-Phosphid
ITO	Indium-Zinn-Oxid
i-ZnO	Intrinsisches Zinkoxid, kathodenzerstäubt
j	Stromdichte
j_{SC}	Kurzschlussstromdichte
k_B	Boltzmann-Konstante
ℓ	Länge
LBIC	Engl. *light beam induced current*
$LiCoO_2$	Lithium-Cobalt(III)-oxid
LUMO	Tiefstes unbesetztes Molekülorbital, engl. *lowest unoccupied molecular orbital*
Mo	Molybdän
MoO_3	Molybdäntrioxid
N_A	Avogadro-Konstante
MPP	Punkt maximaler Leistung, engl. *maximum power point*
n	Idealitätsfaktor
NTCDA	*1,4,5,8-naphthalenetetracarboxylic dianhydride*
P	Leistung
P3HT	Poly(3-Hexylthiophen-2,5-diyl)
PCBM	[6,6]-phenyl-C_{61}-Butylsäure Methylester
$PC_{70}BM$	[6,6]-Phenyl-C_{71}-Butylsäure Methylester

PCDTBT	*poly[N-9"-hepta-decanyl-2,7-carbazole-alt-5,5-(4',7'-di-2-thienyl-2',1',3'-benzothiadiazole)*
PEDOT:PSS	Poly(3,4-Ethylenedioxythiophen):Polystyrolsulfonat
PDMS	Polydimethylsiloxan
PFO	*(Poly(9,9-dioctylfluorene-2,7-diyl)*
PSBTBT	*Poly[(4,4'-bis(2-ethylhexyl)dithieno[3,2-b:2',3'-d]silole)-2,6-diyl-alt-(2,1,3-benzothiadiazole)-4,7-diyl]*
PVK	*Poly(N-vinylcarbazole)*
R	Widerstand
REM	Rasterelektronenmikroskop
RhB	*Tetraethylrhodamine*
r_P	Flächenspezifischer Parallel-Widerstand
r_S	Flächenspezifischer Serienwiderstand
$R_\square$	Flächenwiderstand
R_S	Serien-Widerstand
R_{Sh}	*Shunt*-Widerstand
s-ZnO	Intrinsisches, flüssig prozessiertes Zinkoxid
T	Temperatur
TAZ	*3-phenyl-4(1'-naphthyl)-5-phenyl-1,2,4-triazole*
TCO	*Transparent conductive oxide*
TcTa	*4,4',4"-tris(N-carbazolyl)-triphenylamine*
TPBi	*1,3,5-tris(2-N-phenylbenzimidazolyl) benzene*
U	Spannung
U_{BI}	Diffusionsspannung
U_{OC}	Leerlaufspannung
UPM	Umdrehungen pro Minute
V_2O_5	Vanadiumpentoxid
w	Breite
Z	Impedanz
ZAAH	Zinkacetylacetonat-Hydrat
ZnO	Zinkoxid

ZnO:Al	Aluminium-dotiertes Zinkoxid
ZSW	Zentrum für Sonnenenergie- und Wasserstoff-Forschung Baden-Württemberg
γ_L	Oberflächenspannung einer Flüssigkeit
γ_{LS}	Grenzflächenenergie
γ_S	Oberflächenenergie eines Festkörpers
δ	*Skin*-Tiefe
ε_0	Elektrische Feldkonstante
ε_r	Relative Permittivität
η	Wirkungsgrad
θ_C	Kontaktwinkel
λ	Wellenlänge
$\mu c\text{-Si}$	mikrokristallines Silizium
ρ	Spezifischer Widerstand
σ	Leitfähigkeit
ω	Kreisfrequenz

Abbildungsverzeichnis

Tabellenverzeichnis

Literaturverzeichnis

[1] C. Ruhl. Statistical Review of World Energy. Technischer Bericht, BP, 2012.

[2] National Renewable Energy Laboratory. 2010 Solar Technologies Market Report. Technischer Bericht, 2011.

[3] PvXchange. PV Preisindex, 2013.

[4] Bundesministerium für Umwelt Naturschutz und Reaktorsicherheit. Entwicklung der erneuerbaren Energien in Deutschland im Jahr 2011. Technischer Bericht, 2012.

[5] O. Ristau. Solarstrom: in Spanien zum Börsenpreis. Technischer Bericht, VDI Verein Deutscher Ingenieure, 2013.

[6] National Renewable Energy Laboratory. Best Reserach-Cell Efficiencies Chart, 2013.

[7] K. Leo. Organic Semiconductor World - Record Charts, 2013.

[8] EMPA - Swiss Federal Laboratories for Materials Science and Technology. A new world record for solar cell efficiency, Pressemitteilung, 2013.

[9] Heliatek. Neuer Weltrekord für organische Solarzellen: Heliatek behauptet sich mit 12% Zelleffizienz als Technologieführer, Pressemitteilung, 2013.

[10] M. A. Green, K. Emery, Y. Hishikawa, W. Warta, und E. D. Dunlop. Solar cell efficiency tables (version 41). *Progress in Photovoltaics: Research and Applications*, 21:1–11, 2013.

[11] Solar Frontier. Solar Frontier setzt neuen Weltrekord, Pressemitteilung, 2013.

[12] W. N. Shafarman, S. Siebentritt, und L. Stolt. Cu(InGa)Se$_2$ Solar Cells. In A. Luque und S. Hegedus, Editoren, *Handbook of Photovoltaic Science and Engineering*, Kapitel 13. John Wiley & Sons, 2. Ausgabe, 2010.

[13] U. Rau und H. W. Schock. Cu(In,Ga)Se$_2$ Thin-Film Solar Cells. In A. J. McEvoy, T. Markvart, und L. Castañer, Editoren, *Practical Handbook of Photovoltaics: Fundamentals and Applications*, Kapitel IC-3. Academic Press, 2011.

[14] G. Voorwinden, R. Kniese, und M. Powalla. In-line Cu(In,Ga)Se$_2$ co-evaporation processes with graded band gaps on large substrates. *Thin Solid Films*, 431-432:538–542, 2003.

[15] J. E. Phillips, R. W. Birkmire, B. E. McCandless, P. V. Meyers, und W. N. Shafarman. Polycrystalline Heterojunction Solar Cells: A Device Perspective. *Physica Status Solidi (B)*, 194:31–39, 1996.

[16] R. Klenk. Characterisation and modelling of chalcopyrite solar cells. *Thin Solid Films*, 387:135–140, 2001.

[17] T. Nakada und A. Kunioka. Direct evidence of Cd diffusion into Cu(In,Ga)Se$_2$ thin films during chemical-bath deposition process of CdS films. *Applied Physics Letters*, 74(17):2444, 1999.

[18] T. Minemoto, T. Matsui, H. Takakura, Y. Hamakawa, T. Negami, Y. Hashimoto, T. Uenoyama, und M. Kitagawa. Theoretical analysis

of the effect of conduction band offset of window/CIS layers on performance of CIS solar cells using device simulation. *Solar Energy Materials and Solar Cells*, 67:83–88, 2001.

[19] U. Rau, M. Schmidt, A. Jasenek, G. Hanna, und H. W. Schock. Electrical characterization of Cu(In,Ga)Se$_2$ thin-film solar cells and the role of defects for the device performance. *Solar Energy Materials and Solar Cells*, 67:137–143, 2001.

[20] P. Würfel. *Phyics of Solar Cells - From Principles to New Concepts*. Wiley-VCH, 1. Ausgabe, 2005.

[21] J. Nelson. *The Physics of Solar Cells*. Imperial College Press, 1. Ausgabe, 2003.

[22] ASTM International. G173-03(2012) Standard Tables for Reference Solar Spectral Irradiances: Direct Normal and Hemispherical on 37° Tilted Surface. Technischer Bericht, 2012.

[23] G. Garcia-Belmonte, J. García-Cañadas, I. Mora-Seró, J. Bisquert, C. Voz, J. Puigdollers, und R. Alcubilla. Effect of buffer layer on minority carrier lifetime and series resistance of bifacial heterojunction silicon solar cells analyzed by impedance spectroscopy. *Thin Solid Films*, 514:254–257, 2006.

[24] E. Barsoukov und J. R. Macdonald. *Impedance Spectroscopy - Theory, Experiment and Applications*. Wiley-Interscience, 2. Ausgabe, 2005.

[25] F. Fabregat-Santiago, G. Garcia-Belmonte, I. Mora-Seró, und J. Bisquert. Characterization of nanostructured hybrid and organic solar cells by impedance spectroscopy. *Physical Chemistry Chemical Physics: PCCP*, 13(20):9083–118, 2011.

[26] T. Kirchartz, W. Gong, S. A. Hawks, T. Agostinelli, R. C. I. MacKenzie, Y. Yang, und J. Nelson. Sensitivity of the Mott-Schottky Analysis in Organic Solar Cells. *The Journal of Physical Chemistry C*, 116(14):7672–7680, 2012.

[27] G. Garcia-Belmonte, P. P. Boix, J. Bisquert, M. Sessolo, und H. J. Bolink. Simultaneous determination of carrier lifetime and electron density-of-states in P3HT:PCBM organic solar cells under illumination by impedance spectroscopy. *Solar Energy Materials and Solar Cells*, 94(2):366–375, 2010.

[28] C. W. Tang. Two-layer organic photovoltaic cell. *Applied Physics Letters*, 48(2):183, 1986.

[29] C. W. Tang und S. A. VanSlyke. Organic electroluminescent diodes. *Applied Physics Letters*, 51(12):913, 1987.

[30] W. Brütting. *Physics of Organic Semiconductors*. Wiley-VCH, 1. Ausgabe, 2005.

[31] P. Prins, F. Grozema, F. Galbrecht, U. Scherf, und L. Siebbeles. Charge Transport along Coiled Conjugated Polymer Chains. *Journal of Physical Chemistry C*, 111(29):11104–11112, 2007.

[32] U. Zhokhavets, T. Erb, G. Gobsch, M. Al-Ibrahim, und O. Ambacher. Relation between absorption and crystallinity of poly(3-hexylthiophene)/fullerene films for plastic solar cells. *Chemical Physics Letters*, 418:347–350, 2006.

[33] S. H. Park, A. Roy, S. Beaupré, S. Cho, N. Coates, J. S. Moon, D. Moses, M. Leclerc, K. Lee, und A. J. Heeger. Bulk heterojunction solar cells with internal quantum efficiency approaching 100%. *Nature Photonics*, 3:297–303, 2009.

[34] J. Nelson. Polymer:fullerene bulk heterojunction solar cells. *Materials Today*, 14(10):462–470, 2011.

[35] R. A. J. Janssen und J. Nelson. Factors Limiting Device Efficiency in Organic Photovoltaics. *Advanced Materials*, 25:1847–1858, 2013.

[36] R. Søndergaard, M. Hösel, D. Angmo, T. T. Larsen-Olsen, und F. C. Krebs. Roll-to-roll fabrication of polymer solar cells. *Materials Today*, 15:36–49, 2012.

[37] M. T. Rispens, A. Meetsma, R. Rittberger, C. J. Brabec, N. S. Sariciftci, und J. C. Hummelen. Influence of the solvent on the crystal structure of PCBM and the efficiency of MDMO-PPV:PCBM 'plastic' solar cells. *Chemical Communications*, 17:2116–2118, 2003.

[38] W. Ma, C. Yang, X. Gong, K. Lee, und A. J. Heeger. Thermally Stable, Efficient Polymer Solar Cells with Nanoscale Control of the Interpenetrating Network Morphology. *Advanced Functional Materials*, 15(10):1617–1622, 2005.

[39] J. K. Lee, W. L. Ma, C. J. Brabec, J. Yuen, J. S. Moon, J. Y. Kim, K. Lee, G. C. Bazan, und A. J. Heeger. Processing additives for improved efficiency from bulk heterojunction solar cells. *Journal of the American Chemical Society*, 130(11):3619–23, 2008.

[40] G. Li, V. Shrotriya, J. Huang, Y. Yao, T. Moriarty, K. Emery, und Y. Yang. High-efficiency solution processable polymer photovoltaic cells by self-organization of polymer blends. *Nature Materials*, 4(11):864–868, 2005.

[41] C. Waldauf, P. Schilinsky, J. Hauch, und C. J. Brabec. Material and device concepts for organic photovoltaics: towards competitive efficiencies. *Thin Solid Films*, 451-452:503–507, 2004.

[42] M. M. Erwin, J. McBride, A. V. Kadavanich, und S. J. Rosenthal. Effects of impurities on the optical properties of poly-3-hexylthiophene thin films. *Thin Solid Films*, 409:198–205, 2002.

[43] E. Meijer, A. Mangnus, B.-H. Huisman, G. 't Hooft, D. de Leeuw, und T. Klapwijk. Photoimpedance spectroscopy of poly(3-hexyl thiophene) metal-insulator-semiconductor diodes. *Synthetic Metals*, 142:53–56, 2004.

[44] J. Bisquert und G. Garcia-Belmonte. On Voltage, Photovoltage, and Photocurrent in Bulk Heterojunction Organic Solar Cells. *The Journal of Physical Chemistry Letters*, 2(15):1950–1964, 2011.

[45] P. P. Boix, J. Ajuria, I. Etxebarria, R. Pacios, G. Garcia-Belmonte, und J. Bisquert. Role of ZnO Electron-Selective Layers in Regular and Inverted Bulk Heterojunction Solar Cells. *The Journal of Physical Chemistry Letters*, 2(5):407–411, 2011.

[46] T. Kirchartz, T. Agostinelli, M. Campoy-Quiles, W. Gong, und J. Nelson. Understanding the Thickness-Dependent Performance of Organic Bulk Heterojunction Solar Cells: The Influence of Mobility, Lifetime, and Space Charge. *The Journal of Physical Chemistry Letters*, 2012(1):3470–3475, 2012.

[47] C. J. Brabec, A. Cravino, D. Meissner, N. S. Sariciftci, T. Fromherz, M. T. Rispens, L. Sanchez, und J. C. Hummelen. Origin of the Open Circuit Voltage of Plastic Solar Cells. *Advanced Functional Materials*, 11(5):374–380, 2001.

[48] C. M. Ramsdale, J. A. Barker, A. C. Arias, J. D. MacKenzie, R. H. Friend, und N. C. Greenham. The origin of the open-circuit voltage in polyfluorene-based photovoltaic devices. *Journal of Applied Physics*, 92(8):4266, 2002.

[49] C. Deibel und V. Dyakonov. Sonnenstrom aus Plastik. *Physik-Journal*, 5:51–54, 2008.

[50] M. Jørgensen, K. Norrman, S. A. Gevorgyan, T. Tromholt, B. Andreasen, und F. C. Krebs. Stability of polymer solar cells. *Advanced Materials*, 24:580–612, 2012.

[51] W. Shockley und H. J. Queisser. Detailed Balance Limit of Efficiency of pn Junction Solar Cells. *Journal of Applied Physics*, 32(3):510–519, 1961.

[52] T. Yamaguchi, Y. Uchida, S. Agatsuma, und H. Arakawa. Series-connected tandem dye-sensitized solar cell for improving efficiency to more than 10%. *Solar Energy Materials & Solar Cells Solar Cells*, 93:733–736, 2009.

[53] J. You, L. Dou, K. Yoshimura, T. Kato, K. Ohya, T. Moriarty, K. Emery, C.-C. Chen, J. Gao, G. Li, und Y. Yang. A polymer tandem solar cell with 10.6% power conversion efficiency. *Nature communications*, 4:1446, 2013.

[54] G. Dennler, M. C. Scharber, T. Ameri, P. Denk, K. Forberich, C. Waldauf, und C. J. Brabec. Design Rules for Donors in Bulk-Heterojunction Tandem Solar Cells - Towards 15 % Energy-Conversion Efficiency. *Advanced Materials*, 20(3):579–583, 2008.

[55] J. H. Seo, D.-H. Kim, S.-H. Kwon, M. Song, M.-S. Choi, S. Y. Ryu, H. W. Lee, Y. C. Park, J.-D. Kwon, K.-S. Nam, Y. Jeong, J.-W. Kang, und C. S. Kim. High efficiency inorganic/organic hybrid tandem solar cells. *Advanced Materials*, 24(33):4523–7, 2012.

[56] S. Hao, J. Wu, und Z. Sun. A hybrid tandem solar cell based on hydrogenated amorphous silicon and dye-sensitized TiO 2 film. *Thin Solid Films*, 520(6):2102–2105, 2012.

[57] S. Wenger, S. Seyrling, A. N. Tiwari, und M. Grätzel. Fabrication and performance of a monolithic dye-sensitized TiO_2/Cu(In,Ga)Se$_2$

thin film tandem solar cell. *Applied Physics Letters*, 94(17):173508, 2009.

[58] Z. M. Beiley und M. D. McGehee. Modeling low cost hybrid tandem photovoltaics with the potential for efficiencies exceeding 20%. *Energy & Environmental Science*, 5(11):9173, 2012.

[59] A. Yakimov und S. R. Forrest. High photovoltage multiple-heterojunction organic solar cells incorporating interfacial metallic nanoclusters. *Applied Physics Letters*, 80(9):1667, 2002.

[60] T. Trupke und P. Würfel. Improved spectral robustness of triple tandem solar cells by combined series/parallel interconnection. *Journal of Applied Physics*, 96(4):2347, 2004.

[61] A. Hadipour, B. de Boer, und P. W. M. Blom. Device operation of organic tandem solar cells. *Organic Electronics*, 9:617–624, 2008.

[62] S. Sista, M.-H. Park, Z. Hong, Y. Wu, J. Hou, W. L. Kwan, G. Li, und Y. Yang. Highly efficient tandem polymer photovoltaic cells. *Advanced Materials*, 22(3):380–3, 2010.

[63] M. Yanagida, N. Onozawa-Komatsuzaki, M. Kurashige, K. Sayama, und H. Sugihara. Optimization of tandem-structured dye-sensitized solar cell. *Solar Energy Materials & Solar Cells*, 94:297–302, 2010.

[64] Sono-Tek. AccuMist Fact Sheet, 2003.

[65] M. Meusel, C. Baur, G. Létay, A. Bett, W. Warta, und E. Fernandez. Spectral response measurements of monolithic GaInP/Ga(In)As/Ge triple-junction solar cells: Measurement artifacts and their explanation. *Progress in Photovoltaics: Research and Applications*, 11(8):499–514, 2003.

[66] T. Young. An Essay on the Cohesion of Fluids. *Philosophical Transactions of the Royal Society of London*, 95:65–87, 1805.

[67] D. K. Owens und R. C. Wendt. Estimation of the Surface Free Energy of Polymers. *Journal of Applied Polymer Science*, 13:1741–1747, 1969.

[68] P. Cognard, Editor. *Adhesives and Sealants: General Knowledge, Application Techniques, New Curing Techniques (Handbook of Adhesives and Sealants Volume 2)*. Elsevier B.V., 1. Ausgabe, 2006.

[69] M. Reinhard, J. Conradt, M. Braun, A. Colsmann, U. Lemmer, und H. Kalt. Zinc oxide nanorod arrays hydrothermally grown on a highly conductive polymer for inverted polymer solar cells. *Synthetic Metals*, 162:1582–1586, 2012.

[70] A. Colsmann, M. Reinhard, T.-H. Kwon, C. Kayser, F. Nickel, J. Czolk, U. Lemmer, N. Clark, J. Jasieniak, A. B. Holmes, und D. Jones. Inverted semi-transparent organic solar cells with spray coated, surfactant free polymer top-electrodes. *Solar Energy Materials and Solar Cells*, 98:118–123, 2012.

[71] M. Reinhard, R. Eckstein, A. Slobodskyy, U. Lemmer, und A. Colsmann. Solution-processed polymer-silver nanowire top electrodes for inverted semi-transparent solar cells. *Organic Electronics*, 14:273–277, 2013.

[72] J. S. Kim, M. Granström, R. H. Friend, N. Johansson, W. R. Salaneck, R. Daik, W. J. Feast, und F. Cacialli. Indium-tin oxide treatments for single- and double-layer polymeric light-emitting diodes: The relation between the anode physical, chemical, and morphological properties and the device performance. *Journal of Applied Physics*, 84(12):6859, 1998.

[73] H. Y. Yu, X. D. Feng, D. Grozea, Z. H. Lu, R. N. Sodhi, A.-M. Hor, und H. Aziz. Surface electronic structure of plasma-treated indium tin oxides. *Applied Physics Letters*, 78(17):2595–2597, 2001.

[74] G. Li, R. Zhu, und Y. Yang. Polymer solar cells. *Nature Photonics*, 6:153–161, 2012.

[75] K. Sugiyama, H. Ishii, Y. Ouchi, und K. Seki. Dependence of indium-tin-oxide work function on surface cleaning method as studied by ultraviolet and x-ray photoemission spectroscopies. *Journal of Applied Physics*, 87(1):295, 2000.

[76] M. G. Helander, Z. B. Wang, und Z. H. Lu. Effect of residual gases in high vacuum on the energy-level alignment at noble metal/organic interfaces. *Applied Physics Letters*, 99(18):183302, 2011.

[77] Z. Q. Xu, J. Li, J. P. Yang, P. P. Cheng, J. Zhao, S. T. Lee, Y. Q. Li, und J. X. Tang. Enhanced performance in polymer photovoltaic cells with chloroform treated indium tin oxide anode modification. *Applied Physics Letters*, 98(25):253303, 2011.

[78] F. Nüesch, L. J. Rothberg, E. W. Forsythe, Q. T. Le, und Y. Gao. A photoelectron spectroscopy study on the indium tin oxide treatment by acids and bases. *Applied Physics Letters*, 74(6):880–882, 1999.

[79] F. Nüesch, E. W. Forsythe, Q. T. Le, Y. Gao, und L. J. Rothberg. Importance of indium tin oxide surface acido basicity for charge injection into organic materials based light emitting diodes. *Journal of Applied Physics*, 87(11):7973–7980, 2000.

[80] G. D. Sharma, P. Balaraju, S. K. Sharma, und M. S. Roy. Charge conduction process and photoelectrical properties of Schottky barrier device based on sulphonated nickel phthalocyanine. *Synthetic Metals*, 158(15):620–629, 2008.

[81] T. Kugler, A. Johansson, I. Dalsegg, U. Gelius, und W. R. Salaneck. Electronic and chemical structure of conjugated polymer surfaces and interfaces: applications in polymer-based light-emitting devices. *Synthetic Metals*, 91:143–146, 1997.

[82] A. Hagfeldt und U. Bjo. Photocapacitance of Nanocrystalline Oxide Semiconductor Films : Band-Edge Movement in Mesoporous TiO_2 Electrodes during UV Illumination. *The Journal of Physical Chemistry*, 100(20):20–23, 1996.

[83] T. Kuwabara, H. Sugiyama, T. Yamaguchi, und K. Takahashi. Inverted type bulk-heterojunction organic solar cell using electrodeposited titanium oxide thin films as electron collector electrode. *Thin Solid Films*, 517:3766–3769, 2009.

[84] P. de Bruyn, D. J. D. Moet, und P. W. M. Blom. A facile route to inverted polymer solar cells using a precursor based zinc oxide electron transport layer. *Organic Electronics*, 11:1419–1422, 2010.

[85] H. B. Michaelson. The work function of the elements and its periodicity. *Journal of Applied Physics*, 48(11):4729, 1977.

[86] M. Jørgensen, K. Norrman, und F. C. Krebs. Stability/degradation of polymer solar cells. *Solar Energy Materials and Solar Cells*, 92:686–714, 2008.

[87] E. Sengupta, A. L. Domanski, S. A. L. Weber, M. B. Untch, H.-J. Butt, T. Sauermann, H. J. Egelhaaf, und R. Berger. Photoinduced Degradation Studies of Organic Solar Cell Materials Using Kelvin Probe Force and Conductive Scanning Force Microscopy. *The Journal of Physical Chemistry C*, 115:19994–20001, 2011.

[88] Y. Zhou, H. Cheun, S. Choi, W. J. Potscavage, C. Fuentes-Hernandez, und B. Kippelen. Indium tin oxide-free and metal-free semitransparent organic solar cells. *Applied Physics Letters*, 97:153304, 2010.

[89] J. Nelson, J. Kirkpatrick, und P. Ravirajan. Factors limiting the efficiency of molecular photovoltaic devices. *Physical Review B*, 69:1–11, 2004.

[90] J.-C. Wang, C.-Y. Lu, J.-L. Hsu, M.-K. Lee, Y.-R. Hong, T.-P. Perng, S.-F. Horng, und H.-F. Meng. Efficient inverted organic solar cells without an electron selective layer. *Journal of Materials Chemistry*, 21:5723, 2011.

[91] B. Xue, B. Vaughan, C.-H. Poh, K. B. Burke, L. Thomsen, A. Stapleton, X. Zhou, G. W. Bryant, W. Belcher, und P. C. Dastoor. Vertical Stratification and Interfacial Structure in P3HT:PCBM Organic Solar Cells. *The Journal of Physical Chemistry C*, 114:15797–15805, 2010.

[92] A. J. Parnell, A. D. F. Dunbar, A. J. Pearson, P. A. Staniec, A. J. C. Dennison, H. Hamamatsu, M. W. A. Skoda, D. G. Lidzey, und R. A. L. Jones. Depletion of PCBM at the cathode interface in P3HT/PCBM thin films as quantified via neutron reflectivity measurements. *Advanced Materials*, 22:2444–7, 2010.

[93] D. A. Melnick. Zinc Oxide Photoconduction, an Oxygen Adsorption Process. *The Journal of Chemical Physics*, 26(5):1136, 1957.

[94] F. Verbakel, S. C. J. Meskers, und R. A. J. Janssen. Electronic memory effects in diodes from a zinc oxide nanoparticle-polystyrene hybrid material. *Applied Physics Letters*, 89(10):102103, 2006.

[95] H. Schmidt, K. Zilberberg, S. Schmale, H. Flügge, T. Riedl, und W. Kowalsky. Transient characteristics of inverted polymer solar cells using titaniumoxide interlayers. *Applied Physics Letters*, 96:243305, 2010.

[96] Y. Zhou, J. W. Shim, C. Fuentes-Hernandez, A. Sharma, K. A. Knauer, A. J. Giordano, S. R. Marder, und B. Kippelen. Direct correlation between work function of indium-tin-oxide electrodes and solar cell performance influenced by ultraviolet irradiation and air exposure. *Physical chemistry chemical physics : PCCP*, 14:12014–21, 2012.

[97] J. Lewis, S. Grego, B. Chalamala, E. Vick, und D. Temple. Highly flexible transparent electrodes for organic light-emitting diode-based displays. *Applied Physics Letters*, 85(16):3450, 2004.

[98] A. Colsmann, F. Stenzel, G. Balthasar, H. Do, und U. Lemmer. Plasma patterning of Poly(3,4-ethylenedioxythiophene):Poly(styrenesulfonate) anodes for efficient polymer solar cells. *Thin Solid Films*, 517:1750–1752, 2009.

[99] H. Do, M. Reinhard, H. Vogeler, A. Puetz, M. F. Klein, W. Schabel, A. Colsmann, und U. Lemmer. Polymeric anodes from poly(3,4-ethylenedioxythiophene):poly(styrenesulfonate) for 3.5% efficient organic solar cells. *Thin Solid Films*, 517:5900–5902, 2009.

[100] M. Aryal, F. Buyukserin, K. Mielczarek, X.-M. Zhao, J. Gao, A. Zakhidov, und W. W. Hu. Imprinted large-scale high density polymer nanopillars for organic solar cells. *Journal of Vacuum Science & Technology B: Microelectronics and Nanometer Structures*, 26:2562, 2008.

[101] J. S. Kim, Y. Park, D. Y. Lee, J. H. Lee, J. H. Park, J. K. Kim, und K. Cho. Poly(3-hexylthiophene) Nanorods with Aligned Chain Orientation for Organic Photovoltaics. *Advanced Functional Materials*, 20:540–545, 2010.

[102] V. Vohra, M. Campoy-Quiles, M. Garriga, und H. Murata. Organic solar cells based on nanoporous P3HT obtained from self-assembled P3HT:PS templates. *Journal of Materials Chemistry*, 22:20017, 2012.

[103] C. F. Klingshirn, B. K. Meyer, A. Waag, A. Hoffmann, und J. Geurts. *Zinc Oxide - From Fundamental Properties Towards Novel Applications*. Springer-Verlag, 1. Ausgabe, 2010.

[104] I. Gonzalez-Valls und M. Lira-Cantu. Vertically-aligned nanostructures of ZnO for excitonic solar cells: a review. *Energy & Environmental Science*, 2:19, 2009.

[105] D. C. Olson, J. Piris, R. T. Collins, S. E. Shaheen, und D. S. Ginley. Hybrid photovoltaic devices of polymer and ZnO nanofiber composites. *Thin Solid Films*, 496:26–29, 2006.

[106] L. Baeten, B. Conings, H.-G. Boyen, J. D'Haen, A. Hardy, M. D'Olieslaeger, J. V. Manca, und M. K. Van Bael. Towards efficient hybrid solar cells based on fully polymer infiltrated ZnO nanorod arrays. *Advanced Materials*, 23:2802–5, 2011.

[107] K. Takanezawa, K. Tajima, und K. Hashimoto. Efficiency enhancement of polymer photovoltaic devices hybridized with ZnO nanorod arrays by the introduction of a vanadium oxide buffer layer. *Applied Physics Letters*, 93(6):063308, 2008.

[108] J. Conradt, J. Sartor, C. Thiele, F. Maier-Flaig, J. Fallert, H. Kalt, R. Schneider, M. Fotouhi, P. Pfundstein, V. Zibat, und D. Gerthsen. Catalyst-Free Growth of Zinc Oxide Nanorod Arrays on Sputtered Aluminum-Doped Zinc Oxide for Photovoltaic Applications. *The Journal of Physical Chemistry C*, 115:3539–3543, 2011.

[109] Y. W. Heo, V. Varadarajan, M. Kaufman, K. Kim, D. P. Norton, F. Ren, und P. H. Fleming. Site-specific growth of Zno nanorods using catalysis-driven molecular-beam epitaxy. *Applied Physics Letters*, 81:3046, 2002.

[110] W. I. Park, D. H. Kim, S.-W. Jung, und G.-C. Yi. Metalorganic vapor-phase epitaxial growth of vertically well-aligned ZnO nanorods. *Applied Physics Letters*, 80:4232, 2002.

[111] L. Vayssieres, K. Keis, S.-E. Lindquist, und A. Hagfeldt. Purpose-Built Anisotropic Metal Oxide Material : 3D Highly Oriented Micro-

rod Array of ZnO. *Journal of Physical Chemistry B*, 105:3350–3352, 2001.

[112] L. Vayssieres. Growth of Arrayed Nanorods and Nanowires of ZnO from Aqueous Solutions. *Advanced Materials*, 15(5):464–466, 2003.

[113] J. Conradt. *Zinkoxid-Nanostrukturen für optoelektronische Anwendungen*. Dissertation, Karlsruhe Institute of Technology, 2012.

[114] T. M. Barnes, J. D. Bergeson, R. C. Tenent, B. A. Larsen, G. Teeter, K. M. Jones, J. L. Blackburn, und J. van de Lagemaat. Carbon nanotube network electrodes enabling efficient organic solar cells without a hole transport layer. *Applied Physics Letters*, 96(24):243309, 2010.

[115] J. Wu, H. A. Becerril, Z. Bao, Z. Liu, Y. Chen, und P. Peumans. Organic solar cells with solution-processed graphene transparent electrodes. *Applied Physics Letters*, 92:263302, 2008.

[116] Y. Xia, K. Sun, und J. Ouyang. Solution-processed metallic conducting polymer films as transparent electrode of optoelectronic devices. *Advanced Materials*, 24:2436–40, 2012.

[117] Y. H. Kim, C. Sachse, M. L. Machala, C. May, L. Müller-Meskamp, und K. Leo. Highly Conductive PEDOT:PSS Electrode with Optimized Solvent and Thermal Post-Treatment for ITO-Free Organic Solar Cells. *Advanced Functional Materials*, 21:1076–1081, 2011.

[118] A. Zainelabdin, S. Zaman, G. Amin, O. Nur, und M. Willander. Deposition of Well-Aligned ZnO Nanorods at 50 °C on Metal, Semiconducting Polymer, and Copper Oxides Substrates and Their Structural and Optical Properties. *Crystal Growth & Design*, 10:3250–3256, 2010.

[119] M. Willander, O. Nur, S. Zaman, A. Zainelabdin, N. Bano, und I. Hussain. Zinc oxide nanorods/polymer hybrid heterojunctions for white light emitting diodes. *Journal of Physics D: Applied Physics*, 44:224017, 2011.

[120] J. Gilot, M. M. Wienk, und R. A. J. Janssen. Double and triple junction polymer solar cells processed from solution. *Applied Physics Letters*, 90:143512, 2007.

[121] D. C. Olson, Y.-J. Lee, M. S. White, N. Kopidakis, S. E. Shaheen, D. S. Ginley, J. A. Voigt, und J. W. P. Hsu. Effect of ZnO Processing on the Photovoltage of ZnO/Poly(3-hexylthiophene) Solar Cells. *Journal of Physical Chemistry C*, 112:9544–9547, 2008.

[122] C. G. Shuttle, B. O'Regan, A. M. Ballantyne, J. Nelson, D. D. C. Bradley, und J. R. Durrant. Bimolecular recombination losses in polythiophene: Fullerene solar cells. *Physical Review B*, 78:113201, 2008.

[123] P. P. Boix, J. Ajuria, R. Pacios, und G. Garcia-Belmonte. Carrier recombination losses in inverted polymer: Fullerene solar cells with ZnO hole-blocking layer from transient photovoltage and impedance spectroscopy techniques. *Journal of Applied Physics*, 109:074514, 2011.

[124] S. Wu, Q. Tai, und F. Yan. Hybrid Photovoltaic Devices Based on Poly (3-hexylthiophene) and Ordered Electrospun ZnO Nanofibers. *The Journal of Physical Chemistry C*, 114:6197–6200, 2010.

[125] Y.-F. Lim, S. Lee, D. J. Herman, M. T. Lloyd, J. E. Anthony, und G. G. Malliaras. Spray-deposited poly(3,4-ethylenedioxythiophene): poly(styrenesulfonate) top electrode for organic solar cells. *Applied Physics Letters*, 93:193301, 2008.

[126] S. K. Hau, H.-L. Yip, J. Zou, und A. K.-Y. Jen. Indium tin oxide-free semi-transparent inverted polymer solar cells using conducting polymer as both bottom and top electrodes. *Organic Electronics*, 10:1401–1407, 2009.

[127] F. Nickel, A. Puetz, M. Reinhard, H. Do, C. Kayser, A. Colsmann, und U. Lemmer. Cathodes comprising highly conductive poly(3,4-ethylenedioxythiophene):poly(styrenesulfonate) for semi-transparent polymer solar cells. *Organic Electronics*, 11:535–538, 2010.

[128] Y. Zhou, H. Cheun, S. Choi, W. J. Potscavage, C. Fuentes-Hernandez, und B. Kippelen. Indium tin oxide-free and metal-free semitransparent organic solar cells. *Applied Physics Letters*, 97:153304, 2010.

[129] Heraeus Precious Metals. Clevios P Form CPP105D, Formulation Guide, 2012.

[130] M. M. Voigt, R. C. Mackenzie, C. P. Yau, P. Atienzar, J. Dane, P. E. Keivanidis, D. D. Bradley, und J. Nelson. Gravure printing for three subsequent solar cell layers of inverted structures on flexible substrates. *Solar Energy Materials and Solar Cells*, 95(2):731–734, 2011.

[131] Q. Dong, Y. Zhou, J. Pei, Z. Liu, Y. Li, S. Yao, J. Zhang, und W. Tian. All-spin-coating vacuum-free processed semi-transparent inverted polymer solar cells with PEDOT:PSS anode and PAH-D interfacial layer. *Organic Electronics*, 11(7):1327–1331, 2010.

[132] F. C. Krebs, S. A. Gevorgyan, und J. Alstrup. A roll-to-roll process to flexible polymer solar cells: model studies, manufacture and operational stability studies. *Journal of Materials Chemistry*, 19:5442, 2009.

[133] J. Weickert, H. Sun, C. Palumbiny, H. C. Hesse, und L. Schmidt-Mende. Spray-deposited PEDOT:PSS for inverted organic solar cells. *Solar Energy Materials and Solar Cells*, 94:2371–2374, 2010.

[134] A. Elschner, S. Kirchmeyer, W. Lövenich, U. Merker, und K. Reuter. *PEDOT - Principles and Applications of an Intrinsically Conductive Polymer*. Taylor & Francis Group, 1. Ausgabe, 2011.

[135] M. Reinhard. *Alternative Elektroden für effiziente organische Solarzellen*. Diplomarbeit, Universität Karlsruhe (TH), 2009.

[136] S. F. Tedde, J. Kern, T. Sterzl, J. Fürst, P. Lugli, und O. Hayden. Fully Spray Coated Organic Photodiodes. *Nano Letters*, 9(3):980–983, 2009.

[137] E.-U. Kim, K.-J. Baeg, Y.-Y. Noh, D.-Y. Kim, T. Lee, I. Park, und G.-Y. Jung. Templated assembly of metal nanoparticles in nanoimprinted patterns for metal nanowire fabrication. *Nanotechnology*, 20:355302, 2009.

[138] M.-G. Kang, T. Xu, H. J. Park, X. Luo, und L. J. Guo. Efficiency enhancement of organic solar cells using transparent plasmonic Ag nanowire electrodes. *Advanced Materials*, 22(39):4378–83, 2010.

[139] J. Zou, H.-L. Yip, S. K. Hau, und A. K.-Y. Jen. Metal grid/conducting polymer hybrid transparent electrode for inverted polymer solar cells. *Applied Physics Letters*, 96(20):203301, 2010.

[140] S. De, T. M. Higgins, P. E. Lyons, E. M. Doherty, P. N. Nirmalraj, W. J. Blau, J. J. Boland, und J. N. Coleman. Silver Nanowire Networks as Flexible, Transparent Conducting Films: Extremely High DC to Optical Conductivity Ratios. *ACS nano*, 3(7):1767–1774, 2009.

[141] W. Gaynor, G. F. Burkhard, M. D. McGehee, und P. Peumans. Smooth nanowire/polymer composite transparent electrodes. *Advanced Materials*, 23(26):2905–10, 2011.

[142] J.-Y. Lee, S. T. Connor, Y. Cui, und P. Peumans. Solution-processed metal nanowire mesh transparent electrodes. *Nano Letters*, 8(2):689–92, 2008.

[143] L. Li, Z. Yu, W. Hu, C.-h. Chang, Q. Chen, und Q. Pei. Efficient flexible phosphorescent polymer light-emitting diodes based on silver nanowire-polymer composite electrode. *Advanced Materials*, 23(46):5563–7, 2011.

[144] D.-S. Leem, A. Edwards, M. Faist, J. Nelson, D. D. C. Bradley, und J. C. de Mello. Efficient organic solar cells with solution-processed silver nanowire electrodes. *Advanced Materials*, 23(38):4371–5, 2011.

[145] T.-G. Chen, B.-Y. Huang, H.-W. Liu, Y.-Y. Huang, H.-T. Pan, H.-F. Meng, und P. Yu. Flexible silver nanowire meshes for high-efficiency microtextured organic-silicon hybrid photovoltaics. *ACS Applied Materials & Interfaces*, 4:6857–64, 2012.

[146] W. Gaynor, J.-Y. Lee, und P. Peumans. Fully solution-processed inverted polymer solar cells with laminated nanowire electrodes. *ACS nano*, 4(1):30–4, 2010.

[147] J.-Y. Lee, S. T. Connor, Y. Cui, und P. Peumans. Semitransparent organic photovoltaic cells with laminated top electrode. *Nano Letters*, 10(4):1276–9, 2010.

[148] H. Schmidt, H. Flügge, T. Winkler, T. Bülow, T. Riedl, und W. Kowalsky. Efficient semitransparent inverted organic solar cells with indium tin oxide top electrode. *Applied Physics Letters*, 94(24):243302, 2009.

[149] A. K. Pandey und I. D. W. Samuel. Photophysics of Solution-Processed Transparent Solar Cells Under Top and Bottom Illumination. *IEEE Journal of Selected Topics in Quantum Electronics*, 16(6):1560–1564, 2010.

[150] V. D. Mihailetchi, H. X. Xie, B. de Boer, L. J. A. Koster, und P. W. M. Blom. Charge Transport and Photocurrent Generation in Poly(3-hexylthiophene): Methanofullerene Bulk-Heterojunction Solar Cells. *Advanced Functional Materials*, 16:699–708, 2006.

[151] S.-Y. Chen, T.-Y. Chu, J.-F. Chen, C.-Y. Su, und C. H. Chen. Stable inverted bottom-emitting organic electroluminescent devices with molecular doping and morphology improvement. *Applied Physics Letters*, 89:053518, 2006.

[152] H. Lee, I. Park, J. Kwak, D. Y. Yoon, und C. Lee. Improvement of electron injection in inverted bottom-emission blue phosphorescent organic light emitting diodes using zinc oxide nanoparticles. *Applied Physics Letters*, 96:153306, 2010.

[153] J. Chen, H. Ye, L. Aé, Y. Tang, D. Kieven, T. Rissom, J. Neuendorf, und M. C. Lux-Steiner. Tapered aluminum-doped vertical zinc oxide nanorod arrays as light coupling layer for solar energy applications. *Solar Energy Materials and Solar Cells*, 95:1437–1440, 2011.

[154] W. Soutter. Printable Silver Nanowire Touchscreens : An Interview with John LeMoncheck, azonano.com, 2013.

[155] M. Reinhard, C. Simon, J. Kuhn, L. Bürkert, M. Cemernjak, B. Dimmler, U. Lemmer, und A. Colsmann. Cadmium-free copper indium gallium diselenide hybrid solar cells comprising a 2-(4-biphenylyl)-5-(4-tert-butylphenyl)-1,3,4-oxadiazole buffer layer. *Applied Physics Letters*, 102:063304, 2013.

[156] M. Reinhard, R. Eckstein, P. Sonntag, L. Bürkert, B. Dimmler, U. Lemmer, und A. Colsmann. Solution-processed electrodes for efficient hybrid copper indium gallium diselenide thin film solar cells. In *Proceedings of the 39th IEEE Photovoltaic Specialists Conference*, Tampa, FL, 2013.

[157] I. M. Dharmadasa, J. D. Bunning, A. P. Samantilleke, und T. Shen. Effects of multi-defects at metal/semiconductor interfaces on electrical properties and their influence on stability and lifetime of thin film solar cells. *Solar Energy Materials and Solar Cells*, 86(3):373–384, 2005.

[158] E. Schlenker, V. Mertens, J. Parisi, R. Reineke-Koch, und M. Köntges. Schottky contact analysis of photovoltaic chalcopyrite thin film absorbers. *Physics Letters A*, 362:229–233, 2007.

[159] I.-H. Choi, C.-H. Choi, und J.-W. Lee. Deep centers in a $CuInGaSe_2$/CdS/ZnO:B solar cell. *Physica Status Solidi (a)*, 209(6):1192–1197, 2012.

[160] E.-E. Wu, S.-H. Li, C.-W. Chen, G. Li, Z. Xu, und Y. Yang. Controlling Optical Properties of Electrodes With Stacked Metallic Thin Films for Polymeric Light-Emitting Diodes and Displays. *Journal of Display Technology*, 1(1):105–111, 2005.

[161] R. B. Pode, C. J. Lee, D. G. Moon, und J. I. Han. Transparent conducting metal electrode for top emission organic light-emitting devices: Ca-Ag double layer. *Applied Physics Letters*, 84:4614, 2004.

[162] D. W. Zhao, S. T. Tan, L. Ke, P. Liu, A. K. K. Kyaw, X. W. Sun, G. Q. Lo, und D. L. Kwong. Optimization of an inverted organic solar cell. *Solar Energy Materials and Solar Cells*, 94:985–991, 2010.

[163] A. W. Dweydari und C. H. B. Mee. Oxygen Adsorption on the (111) Face of Silver. *Physica Status Solidi (a)*, 17:247–250, 1973.

[164] S. Wagner. CuInSe$_2$/CdS heterojunction photovoltaic detectors. *Applied Physics Letters*, 25(8):434, 1974.

[165] S. Siebentritt. Alternative buffers for chalcopyrite solar cells. *Solar Energy*, 77(6):767–775, 2004.

[166] D. Hariskos, S. Spiering, und M. Powalla. Buffer layers in Cu(In,Ga)Se$_2$ solar cells and modules. *Thin Solid Films*, 480-481:99–109, 2005.

[167] N. Naghavi, D. Abou-Ras, N. Allsop, N. Barreau, S. Bücheler, A. Ennaoui, C.-H. Fischer, C. Guillen, D. Hariskos, J. Herrero, R. Klenk, K. Kushiya, D. Lincot, R. Menner, T. Nakada, C. Platzer-Björkman, S. Spiering, A. N. Tiwari, und T. Törndahl. Buffer layers and transparent conducting oxides for chalcopyrite Cu(In,Ga)(S,Se)$_2$ based thin film photovoltaics: present status and current developments. *Progress in Photovoltaics: Research and Applications*, 18(6):411–433, 2010.

[168] S. Siebentritt, T. Kampschulte, A. Bauknecht, U. Blieske, W. Harneit, U. Fiedeler, und M. Lux-Steiner. Cd-free buffer layers for CIGS solar cells prepared by a dry process. *Solar Energy Materials and Solar Cells*, 70:447–457, 2002.

[169] A. Grimm, D. Kieven, R. Klenk, I. Lauermann, A. Neisser, T. Niesen, und J. Palm. Junction formation in chalcopyrite solar cells by sputtered wide gap compound semiconductors. *Thin Solid Films*, 520:1330–1333, 2011.

[170] M. Topič, F. Smole, und J. Furlan. Band-gap engineering in CdS/Cu(In,Ga)Se$_2$ solar cells. *Journal of Applied Physics*, 79(11):8537, 1996.

[171] A. Colsmann. *Ladungstransportschichten für effiziente organische Halbleiterbauelemente.* Dissertation, Universität Karlsruhe (TH), 2008.

[172] F. Li, A. Werner, M. Pfeiffer, K. Leo, und X. Liu. Leuco Crystal Violet as a Dopant for n-Doping of Organic Thin Films of Fullerene C_{60}. *Journal of Physical Chemistry B*, 108(44):17076–17082, 2004.

[173] P. Peumans und S. R. Forrest. Very-high-efficiency double-heterostructure copper phthalocyanine/C_{60} photovoltaic cells. *Applied Physics Letters*, 79(1):126, 2001.

[174] H. Ishii, K. Sugiyama, E. Ito, und K. Seki. Energy Level Alignment and Interfacial Electronic Structures at Organic/Metal and Organic/Organic Interfaces. *Advanced Materials*, 11(8):605–625, 1999.

[175] S. Valouch, C. Hönes, S. W. Kettlitz, N. Christ, H. Do, M. F. G. Klein, H. Kalt, A. Colsmann, und U. Lemmer. Solution processed small molecule organic interfacial layers for low dark current polymer photodiodes. *Organic Electronics*, 13(11):2727–2732, 2012.

[176] J. Kalinowski, M. Cocchi, P. Di Marco, W. Stampor, G. Giro, und V. Fattori. Impact of high electric fields on the charge recombination process in organic light-emitting diodes. *Journal of Physics D: Applied Physics*, 33:2379–2387, 2000.

[177] T. Gershon, K. P. Musselman, A. Marin, R. H. Friend, und J. L. MacManus-Driscoll. Thin-film ZnO/Cu_2O solar cells incorporating an organic buffer layer. *Solar Energy Materials and Solar Cells*, 96:148–154, 2012.

[178] J. Hanisch, E. Ahlswede, und M. Powalla. All-sputtered contacts for organic solar cells. *Thin Solid Films*, 516:7241–7244, 2008.

[179] H. Bi, F. Huang, J. Liang, X. Xie, und M. Jiang. Transparent conductive graphene films synthesized by ambient pressure chemical vapor deposition used as the front electrode of CdTe solar cells. *Advanced Materials*, 23:3202–6, 2011.

[180] M. A. Contreras, T. Barnes, J. van de Lagemaat, G. Rumbles, T. J. Coutts, C. Weeks, P. Glatkowski, I. Levitsky, J. Peltola, und D. A. Britz. Replacement of Transparent Conductive Oxides by Single-Wall Carbon Nanotubes in $Cu(In,Ga)Se_2$ -Based Solar Cells. *The Journal of Physical Chemistry C Letters*, 111:14045–14048, 2007.

[181] B. E. Hardin, W. Gaynor, I.-K. Ding, S.-B. Rim, P. Peumans, und M. D. McGehee. Laminating solution-processed silver nanowire mesh electrodes onto solid-state dye-sensitized solar cells. *Organic Electronics*, 12:875–879, 2011.

[182] C.-H. Chung, T.-B. Song, B. Bob, R. Zhu, H.-S. Duan, und Y. Yang. Silver nanowire composite window layers for fully solution-deposited thin-film photovoltaic devices. *Advanced Materials*, 24:5499–504, 2012.

[183] A. Puetz, F. Steiner, J. Mescher, M. Reinhard, N. Christ, D. Kutsarov, H. Kalt, U. Lemmer, und A. Colsmann. Solution processable, precursor based zinc oxide buffer layers for 4.5% efficient organic tandem solar cells. *Organic Electronics*, 13:2696–2701, 2012.

[184] L. Kronik, D. Cahen, und H. W. Schock. Effects of Sodium on Polycrystalline $Cu(In,Ga)Se_2$ and Its Solar Cell Performance. *Advanced Materials*, 10(1):31–36, 1998.

[185] M. Reinhard, P. Sonntag, R. Eckstein, L. Bürkert, A. Bauer, B. Dimmler, U. Lemmer, und A. Colsmann. Monolithic hybrid tandem solar cells comprising copper indium gallium diselenide and

organic subcells. *Progress in Photovoltaics: Research and Applications*, 2013.

[186] R. Timmreck, S. Olthof, K. Leo, und M. K. Riede. Highly doped layers as efficient electron-hole recombination contacts for tandem organic solar cells. *Journal of Applied Physics*, 108:033108, 2010.

[187] M. Riede, C. Uhrich, J. Widmer, R. Timmreck, D. Wynands, G. Schwartz, W.-M. Gnehr, D. Hildebrandt, A. Weiss, J. Hwang, S. Sundarraj, P. Erk, M. Pfeiffer, und K. Leo. Efficient Organic Tandem Solar Cells based on Small Molecules. *Advanced Functional Materials*, 21:3019–3028, 2011.

[188] J. Xue, S. Uchida, B. P. Rand, und S. R. Forrest. Asymmetric tandem organic photovoltaic cells with hybrid planar-mixed molecular heterojunctions. *Applied Physics Letters*, 85(23):5757, 2004.

[189] J. Drechsel, B. Männig, F. Kozlowski, M. Pfeiffer, K. Leo, und H. Hoppe. Efficient organic solar cells based on a double p-i-n architecture using doped wide-gap transport layers. *Applied Physics Letters*, 86:244102, 2005.

[190] J. van de Lagemaat, T. M. Barnes, G. Rumbles, S. E. Shaheen, T. J. Coutts, C. Weeks, I. Levitsky, J. Peltola, und P. Glatkowski. Organic solar cells with carbon nanotubes replacing In_2O_3:Sn as the transparent electrode. *Applied Physics Letters*, 88:233503, 2006.

[191] C.-H. Chou, W. L. Kwan, Z. Hong, L.-M. Chen, und Y. Yang. A metal-oxide interconnection layer for polymer tandem solar cells with an inverted architecture. *Advanced Materials*, 23:1282–6, 2011.

[192] J. Meyer, S. Hamwi, M. Kröger, W. Kowalsky, T. Riedl, und A. Kahn. Transition metal oxides for organic electronics: energetics, device physics and applications. *Advanced Materials*, 24:5408–27, 2012.

[193] B. Riedel, Y. Shen, J. Hauss, M. Aichholz, X. Tang, U. Lemmer, und M. Gerken. Tailored highly transparent composite hole-injection layer consisting of PEDOT:PSS and SiO_2 nanoparticles for efficient polymer light-emitting diodes. *Advanced Materials*, 23:740–5, 2011.

[194] G. Li, V. Shrotriya, Y. Yao, und Y. Yang. Investigation of annealing effects and film thickness dependence of polymer solar cells based on poly(3-hexylthiophene). *Journal of Applied Physics*, 98:043704, 2005.

[195] F. Nickel, C. Sprau, M. F. G. Klein, P. Kapetana, N. Christ, X. Liu, S. Klinkhammer, U. Lemmer, und A. Colsmann. Spatial mapping of photocurrents in organic solar cells comprising wedge-shaped absorber layers for an efficient material screening. *Solar Energy Materials and Solar Cells*, 104:18–22, 2012.

[196] C. Uhrich, R. Schueppel, A. Petrich, M. Pfeiffer, K. Leo, E. Brier, P. Kilickiran, und P. Baeuerle. Organic Thin-Film Photovoltaic Cells Based on Oligothiophenes with Reduced Bandgap. *Advanced Functional Materials*, 17:2991–2999, 2007.

[197] M.-S. Kim, B.-G. Kim, und J. Kim. Effective variables to control the fill factor of organic photovoltaic cells. *ACS applied materials & interfaces*, 1(6):1264–9, 2009.

[198] J. W. P. Hsu. Soft lithography contacts to organics. *Materials Today*, 8(7):42–54, 2005.

[199] C. Kim, M. Shtein, und S. R. Forrest. Nanolithography based on patterned metal transfer and its application to organic electronic devices. *Applied Physics Letters*, 80(21):4051, 2002.

[200] T. A. M. Ferenczi, J. Nelson, C. Belton, A. M. Ballantyne, M. Campoy-Quiles, F. M. Braun, und D. D. C. Bradley. Planar he-

terojunction organic photovoltaic diodes via a novel stamp transfer process. *Journal of Physics: Condensed Matter*, 20:475203, 2008.

[201] J.-H. Huang, Z.-Y. Ho, T.-H. Kuo, D. Kekuda, C.-W. Chu, und K.-C. Ho. Fabrication of multilayer organic solar cells through a stamping technique. *Journal of Materials Chemistry*, 19:4077–80, 2009.

[202] Y.-K. Chang und F. C.-N. Hong. The fabrication of ZnO nanowire field-effect transistors by roll-transfer printing. *Nanotechnology*, 20:195302, 2009.

[203] J. Meiss, M. K. Riede, und K. Leo. Optimizing the morphology of metal multilayer films for indium tin oxide (ITO)-free inverted organic solar cells. *Journal of Applied Physics*, 105:063108, 2009.

[204] T.-S. Kim, S.-I. Na, S.-S. Kim, B.-K. Yu, J.-S. Yeo, und D.-Y. Kim. Solution-processible polymer solar cells fabricated on a papery substrate. *physica status solidi (RRL) - Rapid Research Letters*, 6(1):13–15, 2012.

[205] R. F. Bailey-Salzman, B. P. Rand, und S. R. Forrest. Semitransparent organic photovoltaic cells. *Applied Physics Letters*, 88:233502, 2006.

[206] C.-C. Chen, L. Dou, R. Zhu, C.-H. Chung, T.-B. Song, Y. B. Zheng, S. Hawks, G. Li, P. S. Weiss, und Y. Yang. Visibly Transparent Polymer Solar Cells Produced by Solution Processing. *ACS nano*, 6(8):7185–7190, 2012.

[207] G. Zhao, Y. He, und Y. Li. 6.5% Efficiency of polymer solar cells based on poly(3-hexylthiophene) and indene-C_{60} bisadduct by device optimization. *Advanced Materials*, 22:4355–8, 2010.

[208] M. Dürr, A. Bamedi, A. Yasuda, und G. Nelles. Tandem dye-sensitized solar cell for improved power conversion efficiencies. *Applied Physics Letters*, 84:3397, 2004.

[209] S.-Q. Fan, B. Fang, H. Choi, S. Paik, C. Kim, B.-S. Jeong, J.-J. Kim, und J. Ko. Efficiency improvement of dye-sensitized tandem solar cell by increasing the photovoltage of the back sub-cell. *Electrochimica Acta*, 55:4642–4646, 2010.

[210] A. Hadipour, B. de Boer, und P. W. M. Blom. Solution-processed organic tandem solar cells with embedded optical spacers. *Journal of Applied Physics*, 102:074506, 2007.

[211] X. Guo, F. Liu, W. Yue, Z. Xie, Y. Geng, und L. Wang. Efficient tandem polymer photovoltaic cells with two subcells in parallel connection. *Organic Electronics*, 10:1174–1177, 2009.

[212] S. W. Tong, Y. Wang, Y. Zheng, M.-F. Ng, und K. P. Loh. Graphene Intermediate Layer in Tandem Organic Photovoltaic Cells. *Advanced Functional Materials*, 21(23):4430–4435, 2011.

[213] C. Zhang, S. W. Tong, C. Jiang, E. T. Kang, D. S. H. Chan, und C. Zhu. Simple tandem organic photovoltaic cells for improved energy conversion efficiency. *Applied Physics Letters*, 92:083310, 2008.

[214] A. P. Yuen, A.-M. Hor, J. S. Preston, R. Klenkler, N. M. Bamsey, und R. O. Loutfy. A simple parallel tandem organic solar cell based on metallophthalocyanines. *Applied Physics Letters*, 98:173301, 2011.

[215] J. D. Servaites, M. A. Ratner, und T. J. Marks. Organic solar cells: A new look at traditional models. *Energy & Environmental Science*, 4:4410, 2011.

[216] S. C. Price, A. C. Stuart, L. Yang, H. Zhou, und W. You. Fluorine substituted conjugated polymer of medium band gap yields 7% efficiency in polymer-fullerene solar cells. *Journal of the American Chemical Society*, 133:4625–31, 2011.

[217] E. T. Hoke, K. Vandewal, J. A. Bartelt, W. R. Mateker, J. D. Douglas, R. Noriega, K. R. Graham, J. M. J. Fréchet, A. Salleo, und M. D. McGehee. Recombination in Polymer:Fullerene Solar Cells with Open-Circuit Voltages Approaching and Exceeding 1.0 V. *Advanced Energy Materials*, 3(2):220–230, 2013.

Danksagung

Die vorliegende Dissertation entstand während meiner Tätigkeit als wissenschaftlicher Mitarbeiter am Lichttechnischen Institut (LTI) am Karlsruher Institut für Technologie (KIT). Abschließend möchte ich mich ganz herzlich bei all jenen bedanken, die zur Entstehung dieser Arbeit beigetragen haben.

- Ich danke Herrn Prof. Dr. Uli Lemmer für die stets humor- und vertrauensvolle Betreuung während meiner Zeit am LTI. Die mir anvertrauten Aufgaben als Übungsleiter einiger seiner Vorlesungen waren überaus abwechslungs- und lehrreich. Danke vor allem auch für die Organisation der Solar-Exkursion nach Kalifornien.

- Herrn Prof. Dr. Heinz Kalt danke ich für die Übernahme des Korreferats und den damit einhergehenden Aufwand. Auch für die freundliche und kollegiale Zusammenarbeit mit seiner Arbeitsgruppe am Institut für Angewandte Physik möchte ich Ihm herzlich danken.

- Besonderer Dank gebührt Herrn Dr. Alexander Colsmann für das große Vertrauen, die vielen Freiheiten, wertvollen Diskussionen und die unmenschlich schnelle Bearbeitung sämtlicher ihm vorgelegter Papers, Poster, Berichte, etc.

- Den Kollegen am LTI und vor allem der OPV-Gruppe möchte ich für die tolle Zeit am LTI, aber auch außerhalb der Universitätsmauern danken. Aus der entspannten und freundschaftlichen Atmosphäre gingen nicht nur bereichernde wissenschaftliche Diskussionen, sondern auch spaßige Aktionen wie die zahlreichen Teilnahmen an der

Badischen Meile, dem Stadtwerke-Cup oder dem Cannstatter Wasen hervor. Auch die geistreichen Diskussionen am Stammtisch werden mir in guter Erinnerung bleiben.

- Besonders herzlich möchte ich mich bei „meinen" Studenten bedanken, die durch ihren Einsatz einen großen Anteil am Gelingen dieser Arbeit haben. Ich danke daher Oliver Lösch, Katrin Haulitschke, Sina Brenner, Benjamin Schwarz, Ahmad Asafi, Christoph Simon, Johannes Kuhn, Ralph Eckstein und Paul Sonntag.

- Zudem möchte ich Dr. Zhenhao Zhang danken, der zu den vermeintlich trivialsten CIGS-Fragen stets eine geduldige Antwort parat hatte. Die Diskussionen am Stammtisch sowie die gemeinsamen Verköstigungen chinesischer Leckereien wie Schweinegedärme, Schweineohren oder sonstiger Gliedmaßen werden mir noch lange in Erinnerung bleiben.

- Bernhard Dimmler, Linda Bürkert (Manz CIGS Technology) und Marco Czemernjak (ZSW) danke ich für die unkomplizierte Kooperation im TEDD- bzw. TEDD2-Projekt und die damit verbundene Her- und Bereitstellung von unzähligen CIGS-Substraten.

- Bei Dr. Jonas Conradt möchte ich mich für die konstruktive und unkomplizierte Zusammenarbeit bei der Herstellung von Solarzellen mit ZnO-Nanostrukturen bedanken.

- Dr. Anatoliy Slobodskyy danke ich für die Unterstützung bei den LBIC-Messungen.

- Für die gute Zusammenarbeit bedanke ich mich bei der NEMA-Gruppe am ZSW, darunter Ines Klugius, Dr. David Blazquez, Dr. Jonas Hanisch und Dr. Erik Ahlswede. Insbesondere Dr. Andreas Bauer möchte ich für das Sputtern zahlreicher ZnO:Al-Kontakte danken.

- Für die Bereitstellung des Impedanzspektroskopie-Messplatzes danke ich Frau. Prof. Ellen Ivers-Tiffée und Herrn Dr. Wolfgang Menesklou.

- Bedanken möchte ich mich auch bei Prof. Dr. Andrew Holmes und Dr. David Jones, sowie der Prof. Dr. Xiaowei Sun, die unvergessliche Forschungsaufenthalte an der *University of Melbourne* in Australien bzw. an der *Nanyang Technological University* in Singapur ermöglichten.

- Ich danke dem Reinraumtechnik-Gespann Christian Kayser und Thorsten Feldmann für die zahlreichen Einweisungen und Hilfestellungen, ebenso wie für die effiziente Infrastruktur im LTI-Reinraum.

- Ein herzliches Dankeschön möchte ich auch Frau Astrid Henne und Claudia Holeisen aussprechen, die bei sämtlichen bürokratischen Problemen stets unbürokratisch und freundlich zu helfen wussten.

- Bei der Karlsruhe School of Optics & Photonics (KSOP) bedanke ich mich sowohl für die finanzielle Unterstützung als Stipendiat bzw. Kollegiat als auch für die zahlreichen angebotenen Module, die eine vielseitige und lehrreiche Abwechslung im Forschungsalltag darstellten. Für die Betreuung und Organisation möchte ich hierbei besonders Denica Angelova und Dr. Aina Quintilla danken.

- Dem Bundesministerium für Bildung und Forschung (BMBF) danke ich für die finanzielle Unterstützung im Rahmen der Projekte TEDD und TEDD2, sowie dem DFG-Center for Functional Nanostructures (CFN) für die Bereitstellung des Rasterelektronenmikroskops und die finanzielle Unterstützung innerhalb des Projektes F1.3.

- Zu guter Letzt danke ich besonders herzlich Sandy und meiner Familie für die liebevolle und verständnisvolle Unterstützung.